AF325365

ESSAI
SUR
LES EAUX,
PAR
C. LUCAS, M. D.

Traduit de l'Anglois par le Conseiller DE VIVIGNIS, *Médecin de S. A. C. Mgr.* CHARLES - NICOLAS - ALEXANDRE D'OULTREMONT, *Evêque & Prince de Liege , &c. &c. &c. à Spa , & Médecin de l'Hôpital des Etrangers , de S. Abraham à Liege.*

PREMIERE EDITION.

Non fingendum , aut excogitandum , sed inveniendum quid natura faciat aut ferat. Bacon.

A LIEGE,

Chez J. DESSAIN , Imprimeur-Libraire, près du Palais.

M. DCC. LXV.

A

SON ALTESSE CELSISSIME,

MONSEIGNEUR

CHARLES-NICOLAS-ALEXANDRE D'OULTREMONT,

Evêque & Prince de Liege, Duc de Bouillon, Marquis de Franchimont, Comte de Looz, de Horne, &c. &c. &c.

MONSEIGNEUR,

TANDIS que VOTRE ALTESSE *travaille sans relâche à rendre ses Sujets heureux, & qu'Elle établit une police qui fait la sureté publique, & l'honneur de la Nation, un Citoyen vient*

EPITRE

très - humblement Lui préfenter un témoignage de fon devoir & de fon attachement refpectueux.

Cet hommage, MONSEIGNEUR, eft la Traduction du premier Volume d'un Ouvrage écrit en Anglois, où l'Auteur conduit, avec tant de méthode, fon Lecteur de principe en principe, qu'il le met en état de porter un jugement folide fur les Eaux douces & minérales, & principalement de Spa ; objet qui intéreffe toute la terre, & que VOTRE ALTESSE, par fon inclination naturelle au bien public, defire de conduire à fa plus grande perfection ; témoignage authentique, qu'Elle faifit toutes les occafions de cultiver ce qui peut contribuer au bien de fon Peuple & à la fatisfaction de toutes les Nations.

Mais, MONSEIGNEUR, quelle que foit l'utilité de cet Ouvrage, il fera

fans luſtre, s'il n'eſt orné de l'appro-
bation de VOTRE ALTESSE, qui,
dès ſa tendre jeuneſſe, s'eſt appliquée à
découvrir les vérités les plus cachées,
dont Elle donne tous les jours des preuves, par des diſtinctions qu'Elle fait
de ſes Sujets qui préferent le bien de
la Patrie à leur intérêt particulier.

Qu'il m'eſt doux, MONSEI-
GNEUR, de me voir encourager à
la recherche des vrais principes de mon
Art, par l'exemple de mon PRINCE,
qui ne ceſſe de mettre en pratique ceux
de l'Art ſublime de regner!

Que le Ciel, MONSEIGNEUR,
continue à éloigner de VOTRE AL-
TESSE, ces Miniſtres perfides, qui
deguiſent la vérité, & ſont toujours prêts
de ſacrifier la Gloire de leur Maître à un
intérêt ſordide. Qu'il comble Votre Il-
luſtre Famille de ſes Bénédictions, & pro-
longeant les jours précieux de VOTRE

EPITRE DEDICATOIRE.

ALTESSE au gré d'un Peuple dont Elle eſt cherie, qu'il faſſe regner long-temps la vertu parmi nous. Tels ſont les vœux ſinceres de celui qui a l'honneur de ſe dire avec un très-profond reſpect,

MONSEIGNEUR,

DE VOTRE ALTESSE,

Le très-humble, très-obéiſ-ſant & très-fidele Sujet,
P. DE VIVIGNIS.

PRÉFACE

DU

TRADUCTEUR.

ENtreprendre de guerir les préjugés, c'est, à peu près, vouloir blanchir un More ; taire la vérité lorsqu'on est obligé de la dire, c'est manquer à son devoir. Mr. Lucas a écrit son Traité sur les Eaux pour remplir sa tâche ; je donne au Public la Traduction de son Ouvrage, de l'Anglois en François, pour commencer la mienne. Depuis environ vingt ans que j'exerce l'Art d'Esculape, j'ai tâché de connoître le vrai : dans le commencement, plus propre pour l'invention que pour observer les loix de la nature, je voulois la faire obeir à mon imagination ; & la cause que je supposois deranger la santé, je la combattois par des remedes composés selon les Auteurs de principes destinés à cet usage, & confirmés par l'expérience. Tandis que j'agissois ainsi selon mes opinions, & que j'accablois le malade de remedes accrédités, j'avois souvent le deplaisir de voir mes prophéties sans accomplissement ; & mon Art tourmentoit tellement la nature, que si elle ne succom-

boit pas fous le poids de ma tirannie, je la
mettois hors d'état de faire entendre fa voix;
enfin, je ne gueriſſois le plus ſouvent, que
lorſque mon patient, réduit à un tel état de
foibleſſe, n'oſant plus rien entreprendre,
j'étois forcé de l'abandonner comme incura-
ble; je veüx dire, lorſque je croyois le malade perdu, je deſiſtois d'agir. La nature
alors, reprenant ſes droits, ſe debaraſſoit
par des moyens & des voies que l'homme
n'imitera jamais.

Ces leçons, trop ſouvent réiterées, me
firent prendre du goût pour les obſervations;
je fis taire mon imagination trop petulante;
& j'appris à comprendre le langage de la nature, par ſes mouvemens; en un mot, l'experience me fit connoître que dans les maladies aiguës, après la ptiſane, dont l'eau fait
la principale vertu, & quelques remedes
généraux, le Médecin devoit être au moins
pour deux tiers du temps ſpectateur & non
pas acteur; & que la plûpart des chroniques,
par un régime bien entendu, l'air, le mouvement, la ſobriété, le temps & très-peu de remedes, mais bien appropriés, ſe gueriſſoient.
En conſéquence, j'ai ſimplifié ma pratique au
point que les intéreſſés n'y trouvent pas leur
compte. Il eſt vrai qu'ils ſe dechaînent contre moi; mais je puis me vanter, que ſi en
reſſuſcitant les maximes d'Hipocrate, &c. par
une

une méthode curative auffi fimple, ils ont profité de cette occafion pour détourner quelques efprits foibles, j'ai la fatisfaction de guérir la plûpart de ceux que je dirige, avec très-peu de remedes.

Je ne fuis pas furpris que dans les villes, où il y a autant de Médecins que de malades, ces malheureux periffent fouvent à force de remedes. Le Public eft incliné d'en prendre ; les amis, les amies confeillent des fpecifiques familiers ; & le Medecin, crainte de perdre fon pain, eft forcé d'en prefcrire par une lâche complaifance: Mais que dans un rendez-vous fameux par des eaux minérales, où il y a peu de Médecins, où les malades font envoyés en foule après avoir le plus fouvent épuifé inutilement des pharmacies entieres ; on detruife, par un ufage trop multiplié & indifcret de drogues, un régime trop chargé de cuifine, des exercices outrés, les effets des eaux, de l'air qu'on refpire, je ne puis l'attribuer qu'à des caufes qui aviliffent ceux qui par état devroient s'y oppofer.

Malgré que cet abus rend les principes de l'Art inutiles ; qu'il fronde la raifon, & que fes effets font plus pernicieux au genre humain, que la pefte & la guerre, il n'eft pas cependant plus facile à réformer, que d'autres que la mode a introduits, & que les pré-

jugés & l'intérêt particulier foutiennent ; & je
fens bien que, pour remplir mon intention,
qui n'a pour objet que le bien public, je dois
le fupplier de fe depouiller de fa prévention
en faveur de la multiplicité des drogues, &
d'écouter les vrais dépofitaires de l'Art de
guerir, qui confeffent, d'après l'experience,
que, lorfque Dieu a créé le corps des animaux, il l'a compofé de refforts & d'organes dont le méchanifme eft fondé fur des loix
qui décelent fa Sageffe infinie, puifque, hor-
mis dans le cas où la nature eft affommée tout
d'un coup par une caufe grave, le moindre
dérangement dans le plus petit des organes,
en follicite un autre ; & bientôt toutes les
parties de la machine, qui ont de l'action, fe
liguent de concert pour écarter la caufe, fi
elle fubfifte, ou pour furmonter fon effet.

Ce principe, en général inconteftable,
une fois pofé, il eft clair, que l'office du
Médecin eft d'obferver les moyens que la
nature emploie pour operer la guerifon ; &
que, les ayant decouverts, il n'a qu'à l'aider
dans fes intentions, s'il s'apperçoit qu'elle a
befoin de fon fecours, pour achever fon ouvrage ; ou fi elle peut fe fuffire à elle-même,
il n'a qu'à la laiffer, il la verra triompher de
la maladie.

Il réfulte de ceci, que tout Médecin qui
agit fans avoir pris le temps d'obferver la

nature, agit fans principe ; que celui qui change fouvent de remede, donne une preuve qu'il n'a rien établi de fixe ; par conféquent, qu'il rifque de troubler la nature dans fes opérations, & d'empirer le mal.

Je m'en vais citer un feul exemple, crainte d'ennuyer le Lecteur, qui confirme cette der-niere verité : le fujet eft préfentement à Spa ; il y a huit ans, ou environ, qu'il vint de la Hollande à l'Hôpital des Etrangers St. Abraham, dont je fuis le Médecin, un hom-me attaqué d'une fievre intermittente avec une hydropifie ; après avoir examiné & in-terrogé le malade, je conclus que fon hy-dropifie étoit l'effet des fébrifuges imprudem-ment adminiftrés ; car il me confeffa d'avoir fait ufage du quinquina au commencement de fa maladie ; ce qui eft contraire aux fenti-mens de tous nos Obfervateurs qui regardent cette fievre en général, comme un mouve-ment de la nature qui tend à fe débarraffer d'une matiere étrangere qui l'incommode : de-là il s'enfuit, que le Médecin, en vou-lant guerir la fievre avant qu'elle n'eut broyé la matiere & débarraffé les organes obftrués, avoit, en arrêtant la nature dans fon opéra-tion, fixé les obftructions, caufe de l'hy-dropifie.

Quelle différence pour ce malheureux, fi, au lieu de fes remedes, on lui avoit prefcrit des aperitifs , pour feconder uniquement l'intention de la nature : il étoit d'une bonne conftitution, le temps, la fievre même, l'auroient gueri , & il ne porteroit pas , à la partie laterale gauche du ventre , une humeur qui l'empêche de gagner fa vie, laquelle cependant la nature abandonnée à fes foins, a en partie guerie, puifqu'il n'eft plus hydropique.

Lorfque je compare les mauvais effets de la multiplicité & de la variété des remedes, avec les bons fuccès d'une pratique fimple, je me confirme dans l'opinion, que toute la fcience du Médecin confifte à agir peu, mais à propos.

Si je rapportois ici mes expériences pour prouver cette verité , la Préface égaleroit le corps de l'Ouvrage, & ennuieroit le Lecteur: c'eft pourquoi, en lui promettant de les faire imprimer immédiatement après cette traduction achevée, je me bornerai à lui donner quelques idées des caufes les plus communes des maladies, & à lui communiquer quelques réflexions propres à le perfuader que, pour retirer des effets falutaires des eaux minérales, après les remedes généraux, un bon régime, des anis , du caruis, de l'écorce d'orange ou quelques autres femblables bagatelles, les autres drogues font le plus fouvent inutiles & nuifibles.

L'air, la boisson, les alimens, le repos, le mouvement, les évacuations, leurs suppressions, les affections de l'ame, sont à peu près les causes de toutes nos maladies, ainsi qu'ils sont leurs remedes.

L'air, ce fluide delié & destiné, entre autre usage, à porter, par la respiration & les pores de la peau, dans le sang, la nourriture la plus subtile du corps, y introduit la cause de plusieurs maladies, lorsqu'il est infecté par des exhalaisons ; & il n'est pas à douter que bien des incommodités sont incurables, parce qu'on néglige souvent de remedier à cette cause ; si quelqu'un en doute, il n'a qu'à jetter les yeux sur la santé de ceux qui respirent un air salubre, dans le temps que certains peuples emploient envain tous moyens pour purifier l'air, & se garantir des maladies qui leur sont particulieres. De plus, on distingue dans les grandes villes, les maladies selon l'infection de l'air de différens quartiers ; car ceux qui habitent le voisinage des cimetieres, de la mer, des marais, des cloaques, des égoûts, des boucheries, des marchés, des cuisines, &c. sont affectés par ces différentes imprégnations : d'ailleurs, il est certain qu'aux grandes Solemnités, l'air chargé de la transpiration d'un nombreux concours des fideles, & des exhalaisons des cadavres qu'on enterre dans les Eglises, glisse la dé-

pravation dans les humeurs ; & , par conféquent, que les Rois & les Princes, prefque
toujours entourés d'une multitude de Cour-
tifans , le beau monde , qui fréquente les
nombreufes affemblées, les bals , & les co-
medies , refpirent , à longs traits , les debris
de ceux qui les accompagnent , & contractent & entretiennent par l'air bien des maladies chroniques, fur-tout cette fenfibilité de
nerfs, dont les fymptômes varient à l'infini.

La vie confifte dans la circulation du fang ;
la circulation du fang ne fauroit fubfifter fans
fa fluidité ; & fa fluidité eft confervée par la
boiffon dans l'état de fanté ; de forte qu'on
doit la regarder abfolument comme néceffaire à la vie.

Cependant quelque qu'en foit la néceffité ,
elle devient la caufe de plufieurs maladies ,
par l'abus qu'on en fait.

Il y a tout lieu de croire que l'eau douce
a été créée pour être la boiffon naturelle de
l'homme, de même que pour être un remede à bien des maux ; car nous voyons que
ceux qui en font leur liqueur favorite, outre qu'ils font plus vigoureux, font auffi rarement malades , & meurent , pour ainfi
dire, en ceffant de vivre, à moins que quelque maladie épidemyque ou autres accidens
mal traités ne les emportent , ou ne leur
laiffent quelque mauvais refte ; tandis que

ceux qui font ufage de celles que la fermentation & la diftillation produifent , fe gué-
riffent par ce fluide bienfaifant , que les
Charlatans déguifent par quelques remedes
indifférens , pour jetter de la pouffiere aux
yeux du Peuple , qui n'en eft que trop la
victime.

Ceux qui défireront des argumens ulté-
rieurs touchant la prééminence de l'eau fur
les autres liqueurs , trouveront de quoi fe
contenter dans cette Traduction ; & , s'ils
ne font pas affez concluans pour réformer
abfolument leurs préjugés , au moins j'aurai
rempli mon intention , s'ils fuffifent pour les
engager à détremper le vin ou autres liqueurs;
vu que mon deffein n'eft pas de confeiller à
ceux qui ont une habitude contraire , de
boire uniquement de l'eau. Mais ce liquide,
que le Public regarde comme fimple & élémentaire , fe préfente aux yeux du Philofophe , très-compofé , & demande , par cette
raifon , un choix convenable. D'ailleurs , en
fuppofant qu'on en ait d'auffi pur qu'il eft
poffible d'en trouver , il devient auffi nuifible que les autres dont l'homme fait ufage ,
par la quantité du plus ou du moins ; puifqu'il eft reconnu par l'expérience , que l'excès
d'un liquide quelconque caufe une déprava-
tion des folides & des fluides , qui a les mêmes fuites que celle qui provient de l'excès

des liqueurs fpiritueufes : en un mot, l'excès de l'eau caufe la cachexie, qui entraîne fouvent après elle la goutte, des douleurs vagues, l'hydropifie & une infinité d'autres maladies chroniques : ainfi, ceux qui, par ces caufes, fe deftinent à faire ufage des eaux minérales, pourront fe préparer, deux ou trois femaines auparavant, en fe mettant à l'ufage de l'eau douce, à jeun, ayant foin d'augmenter, diminuer ou réformer, par degrés, la quantité ou la qualité de leur boiffon, parce que nous fommes les efclaves de nos habitudes, & que nous rifquons de paffer d'un extrême à l'autre.

L'Imprimeur, pour des raifons très-folides, ne pouvant achever la Préface, je fuis obligé de la donner imparfaite ; c'eft pourquoi je promets, à ceux qui acheteront ce premier Volume, de donner la fuite l'hiver prochain, avec la Préface de Mr. Lucas, & la Traduction fur les Eaux minerales, &c. & je ferai en forte qu'en reliant les Brochures, on puiffe les réunir.

En attendant, pour prévenir les mauvaifes infinuations qui pourroient éloigner le Public à fe mettre au fait d'une matiere qui l'intéreffe, je dois l'informer que, depuis l'an 1747 que j'ai fréquenté les Eaux minérales de Spa, & que j'en fis l'analife par l'évaporation, de tous les Auteurs que j'ai lus, qui

ont

ont traité des Eaux minérales & thermales,
aucun n'approche, en fait de méthode & de
principes, de Mr. Lucas. On diroit même que
la plûpart d'entr'eux ont jetté tout au ha-
zard, & uni des épithetes contradictoires,
pour obscurcir la matiere, dans le temps
que les autres n'ont dit que des grands riens
pour éblouir les Buveurs d'eau.

Je me donne donc pour caution que quiconque lira, avec attention, les Ouvrages
du savant & bien intentionné Mr. Lucas, outre qu'il aura une parfaite connoissance de
cette matiere, il sera en état de faire l'analise
des eaux douces & minérales dont il fait usage. De plus, il saura choisir les eaux propres à faire le ciment, à arroser les jardins,
à la teinture, &c. sans compter une infinité
d'autres avantages qu'il en retirera. Que si
l'on trouve qu'il ait rapporté des faits dont la
possibilité est constatée par des principes qu'il
a démontrés dans les eaux, & que les faits
n'existent plus aujourd'hui, il est, au moins,
aussi raisonnable de supposer qu'il étoit vrai,
au tems de Mr. Lucas, que l'eau du Pouhon
avoit causé des goëtres à des anciens Habi-
tans qui en avoient fait un usage immoderé,
qu'il est indécent, indigne & injuste d'apos-
tropher un aussi grand Chymiste, d'imposteur,
comme le fit dernierement, à la Sauviniere,
Mr. de L........ Que diroit-il, si on le traí-

toit de même, pour avoir preſcrit & vanté,
preſcrire & vanter encore tous les jours,
comme bien d'autres, des remedes dont il ne
connoit les vertus qu'à *priori*, c'eſt-à-dire,
par des principes que les effets démentent
aſſez ſouvent?

S'il réflechiſſoit ſur ſon compte, il devroit
admirer la bonté de ſes Confreres, qui ont
ſouffert qu'il ſalît du papier, & décelât le caractere de la plus baſſe envie, en défigurant
les caracteres généraux de Mr. de la Metrie,
pour dépeindre quelque Médecin très-reſpec-
table qui l'éclipſoit.

Je ne puis me rappeller, qu'avec la plus
grande indignation, les propos qu'il tint, encore à la Sauviniere, devant tout le monde,
l'année dérniere, touchant l'exile de Mr. Lucas: c'étoit un proſcrit, un miſérable, un tur-
bulent, un ignorant, tandis que Mr. Lucas,
homme que tout Médecin de bonne foi reſ-
pectera toujours, fut exilé, comme le diſent
tous les bons Patriotes, pour avoir été trop
bon Citoyen ; & qu'il a employé ce temps de
diſgrace, à faire, pour l'utilité de toutes les
Nations ; l'analiſe des eaux douces & minérales les plus en uſage, zele louable qui n'é-
chauffera jamais le cœur de ſes ennemis.

Puiſque le Public parle différemment de là
conteſtation que j'eus l'autre jour avec Mr.
de L . . . . dans la ſalle du Pouhon, je m'en

vais la donner avec toutes ſes circonſtances.

On m'avoit dit, quelques jours auparavant, qu'il avoit comparé, par le thermomêtre, la temperature des eaux de la Sauviniere & du Tonnelet, & qu'il débitoit que Mr. Lucas avoit encore écrit des menſonges, en traduiſant l'eau de cette derniere ſource pour la plus légere, quoique la plus froide.

Comme la Sauviniere eſt entourrée d'arbres, & garantie du ſoleil, & que le Tonnelet y eſt expoſé en plein, je m'imaginai que, s'il avoit fait cette expérience en plein ſoleil, il pouvoit y avoir trouvé cette différence ; mais je ne pouvois concevoir par quelle raiſon il ſe donnoit un démenti public, lui qui avoit parlé du Tonnelet en ces termes * : *Le ſang n'étant que trop bouillant , ſans être du tout gâté , pourroit ſe rafraîchir dans l'inſtant , ſurtout par le froid actuel des eaux , & particulierement du Tonnelet , qui eſt d'une grande fraîcheur.*

Je fus donc le chercher à la Sauviniere, pour lui communiquer cette réflexion ; qu'ayant fait la même experience de nuit , je l'avois trouvée conforme à l'énoncé de Mr. Lucas ; mais il ne me fut pas poſſible de lui parler, parce qu'il étoit avec une perſonne reſpectable , devant qui il n'eût pas été décent de diſcuter la matiere , & qu'il mena tout de ſuite au Tonnelet , où il fit , ſur cette eau , l'expé-

<hr>

* Préface du Traducteur de la Theſe de Mr, Preſſeux, pag. 19.

rience avec le ſyrop de violette, pour prouver l'acide volatile ; mais n'en ayant pas trouvé, pour des raiſons que l'on verra dans le
ſecond Volume, il dit que cette eau ne valoit
rien.

Ceci me parut auſſi ſurprenant que ce qu'il
avoit avancé touchant la comparaiſon de la
temperature du Tonnelet. Je conclus de-là
qu'il y avoit de l'oubli ou de la mauvaiſe intention ; 1°. de l'oubli, parce qu'il étoit de
ſes interêts de ſe ſouvenir, pour ne pas être
inconſequent, que dans la Préface * citée ci-
deſſus, il avoit repeté, d'après Mr. le Docteur Preſſeux, que les eſprits de ces eaux
étoient acides, en ces termes : *puiſque les eſprits de nos eaux ſont acides* ; 2°. ou de la mauvaiſe intention ; car, ſi c'étoit pour inſtruire
celui qu'il accompagnoit, il auroit dû dire
qu'aucune de ces fontaines ne montroit d'a-
cide par le ſyrop de violette, ſans parler particulierement du Tonnelet ; ſans doute parce
que, fondé ſur des principes phyſiques &
confirmés par l'expérience, je conſeille cette
fontaine.

Il ne fit pas ſeulement uſage de ſon expérience en préſence de celui qu'il vouloit inſtruire ; mais il s'en ſervit auſſi, un jour, pour
décrier le Tonnelet, dans la ſalle du Pouhon.
Une Dame, qui croyoit en ſavoir aſſez pour

* P. 14. N°. 7°.

venger l'honneur de cette fontaine, fe trouva en prife avec le Difciple de Mr. L........ Tout le temps que la difpute refta entre la Dame & le Mr., les argumens étoient énergiques de part & d'autre ; & peut-être que, par la politeffe des Mrs. à l'égard des Dames, le Tonnelet auroit triomphé. Quoique Mr. de L....... fe ferve fouvent de ces Avocats féduifans, pour accréditer fes opinions, la Dame, malheureufement, avoit pris la défenfe d'une vérité qu'il vouloit offufquer : il l'attaqua donc fi vivement par des enthymêmes & des fyllogifmes, qu'elle fut obligée de céder. Une femme céder ! Je laiffe à penfer au Public dans quelle colere elle étoit. Elle accourut, toute échauffée, chez moi, & me raconta ce qui s'étoit paffé, en me difant qu'on détruifoit toutes mes maximes par des harangues populaires ; qu'on me regarderoit bientôt comme un homme qui veut s'introduire par des nouveautés fans fondement. En conféquence, je me rendis au Pouhon, & j'eus l'honneur, en entrant dans la falle, de faluer Mr. de L....... qui étoit avec un des anciens Propriétaires des grands fourneaux qu'il vient d'acheter. Je me plaçai au feu : il y avoit du monde ; & la converfation s'entama fur le temps, qui étoit pluvieux. Je parlai du fyfthême de Mr. Lucas touchant l'influence de l'air, de la pluie & du vent, fur les eaux : j'en étois à dire qu'il falloit être vif & adroit, pour découvrir par le ſyrop de violette, l'acide volatile des eaux minérales de Spa, ſur-tout dans un temps humide, & le vent étant au Midi, lorſque Mr. de L....... vint ſe mêler dans la queſtion. Après avoir diſcouru ſur ce qu'il avoit dit de la température du Tonnelet & de ſon acide, je dis que, s'il n'ignoroit pas les précautions néceſſaires à ces deux expériences, pour découvrir la vérité, il avoit négligé de les mettre en uſage, par mauvaiſe intention, puiſqu'à l'égard de l'acide du Tonnelet, j'allois lui prouver que le Pouhon étoit dans le même cas, par la même raiſon.

Après avoir été refuſé chez ſon Apothicaire, je trouvai du ſyrop de violette chez M. Van Aken : il étoit, à la vérité, un peu rouge, parce que l'acide volatile qui domine dans l'atmoſphere, y avoit penetré en debouchant pluſieurs fois la bouteille. Nous fimes l'expérience avec l'eau du Pouhon. Le rouge ſe montra un moment, ce que nous attribuames à la couleur du ſyrop. Mr. de L....... enſuite fut chercher du ſyrop de violette chez ſon Apothicaire, qui ne montra que le bleu & le verd, pour des raiſons qui ſeront rapportées au ſecond Volume, comme j'ai déjà dit ; & ainſi finit notre diſpute, qui fut ſuivie de propos très-vifs entre Van Aken & Mr. de L....... qui avoit dit à haute voix, qu'il

n'avoit jamais eu de bonnes drogues, ce qui
eſt contraire à la vérité ; car je puis atteſter,
ſans être partial, que la boutique de Van Aken
ne le cede en rien en fait du choix, du nombre, de la qualité, des compoſitions des remedes, à celle de l'autre.

Je crois, par tout ce que je viens de dire,
que la nature tend à ſe guerir ; qu'il faut très-
peu de remedes pour l'aider ; que quand on
en ordonne beaucoup, on riſque de la troubler dans ſes operations ; que les qualités de
l'air cauſent bien des maladies ; que l'eau
douce eſt un remede à bien des maux ; que
dans de certains cas, elle peut ſervir de pre-
paration à l'uſage des eaux minerales, qui
ſont des remedes très-compoſés ; que ces
eaux peuvent guerir bien des maladies, ſans
l'aſſiſtance d'autre remede ; que tout l'office
du Médecin conſiſte à diriger le regime de ſon
malade, à choiſir une eau impregnée de principes propres à guerir la maladie, & d'en pro-
portionner la quantité à ſon tempérament,
& d'en obſerver les effets ; que Mr. Lucas a
donné les meilleurs principes pour la connoiſſance des eaux, & les a rangés dans un
ordre ſi naturel, qu'en ſuivant ſa methode,
on parvient, pas à pas, à connoître les qualités des matieres & des eſprits qu'elles contiennent. De ſorte que, ſi dans l'application
de ſes principes, il s'eſt gliſſé quelques erreurs,

on doit plutôt travailler à les corriger, qu'à detruire un Ouvrage si utile au genre humain, & qui est l'effroi des Charlatans.

Je crois encore, qu'on ne doit pas recevoir, comme des observations des effets des eaux minerales, celles où leur usage a été compliqué avec une infinité de remedes, non plus que l'on ne doit ajouter foi à des remarques critiques sur un ouvrage que, celui qui les a faites, ne comprend pas.

Je crois, en dernier lieu, que l'eau du Tonnelet est la plus froide, parce que Mr. de L....... l'a dit sans thermomêtre, & que Mr. Lucas l'a demontré; de plus, que ces esprits sont acides, parce que Mr. de Presseux l'a prouvé, que Mr. de L....... l'a répeté d'après lui, que mes analises me l'ont confirmé, & que Mr. Lucas l'a demontré. Le reste dansle second Volume.

L'IDE'E

L'IDÉE

GENERALE

DES SELS,

*Pour servir d'Introduction à l'Essai
sur les Eaux.*

PARAGRAPHE I.

LES Naturalistes divisent tous les êtres de la création en trois classes, qu'ils appellent Regnes : le premier est le minéral, le second, le végétal ; le troisieme, l'animal.

§ 2. (1.) Par les minéraux ou fossils, nous entendons tous les corps naturels, qui composent le globe terrestre, soit qu'ils se trouvent dans ses entrailles, ou sur sa surface, lesquels, n'ayant pas d'organes ou vaisseaux perceptibles, doivent tout-à-fait leur génération & formation à quelque cause externe ; tels sont l'eau, les terres, les pierres, les mines, les métaux, les sels, le souffre, le bitume, les charbons, & semblables.

A

§ 3. (2.) Sous le regne végétal eſt compriſe une claſſe de corps naturels, qui tirent leur dénomination de leur accroiſſement ſenſible, qui les diſtingue des minéraux qui, n'ayant pas d'organes, ne végetent nullement : ces corps ſont hydrauliques, & compoſés d'un nombre infini de vaiſſeaux différens, qui ſervent à la circulation des ſucs ou fluides, que les pores des feuilles des bourgeons, de l'écorce abſorbent de l'atmoſphere, tandis que les racines tirent de la terre & des autres endroits où elles s'attachent, la nourriture groſſiere, c'eſt-à-dire, la matiere de leur accroiſſement ; les plantes, les herbes, les arbriſſeaux, les arbres, leurs différentes parties & productions ſont de cette eſpece.

§ 4. (3.) L'animal, ainſi nommé par la vie & le mouvement, eſt un corps hydraulique, qui tire, au moyen des vaiſſeaux qui imitent les racines des plantes, ſa ſubſiſtance des alimens groſſiers qui ſe trouvent dans les inteſtins, dans le temps que, par l'inſpiration & les pores de la peau, il reçoit de l'air ſa nourriture la plus ſubtile : il ſubſiſte par un mouvement continuel & déterminé des fluides, leſquels ſe perfectionnent dans certains vaiſſeaux & organes différens, qui, pendant quelque temps, reſtent vaſculeux.

§ 5. A ces trois regnes quelques uns ajoû-

tent l'atmofpherique ou méthéorique ; mais
comme tous les êtres qui nagent dans l'air
tirent leur origine de la terre, cette diftinction ne paroît pas effentielle ; neanmoins les
corps que nous recevons immédiatement de
l'atmofphere , nous les carracteriferons par
ces épitetes , comme fel ou eau atmofpherique ou méthéorique , &c. fans en faire
une claffe féparée.

§ 6. Quelque grands & incompréhenfi-
bles que doivent paroître le nombre & la
variété des corps naturels , à tout homme
qui réfléchit, cependant les Philofophes Chimiftes ne confiderent que quatre principes ou
effences matérielles, par lefquels , felon leur
opinion, ils font compofés ; ces petites parties, qui les conftituent, font réputées infiniment petites , indivifibles, tout-à-fait fimples & homogenes , & de certaines formes
déterminées qui échappent à nos fens , &
font, de plus, douées d'autres propriétés &
qualités, comme de la gravité, attraction ,
repulfion, &c.

§ 7. Il paroît que les Anciens les ont
mieux conçus qu'expliqués. Tous les Philofophes ont fait mention des premiers principes ou effences ; chez les Peripatéticiens ,
c'étoient les élémens ; Democrite les nom-
moit atomes ; Pythagore & autres, les uni-
tés ; Defcartes, la matiere premiere ; & notre

immortel Newton, les premieres petites parties dures.

§ 8. Becker eſt celui qui a répandu le plus de lumiere ſur ce ſujet ; & les quatre principes qu'il rapporte, ſont :

§ 9. (1.) Le humido-fluide, ou l'élément aqueux.

§ 10. (2.) Le principe ſec & denſe, lequel comprend trois eſpeces, qu'il appelle terres.

§ 11. (1.) Il conſidere la premiere, qui ſe vitrifie, comme la baſe & la matrice de toutes les autres ; & il penſe qu'elle eſt le principe du ſel des Anciens, comme on la trouve la vraie baſe de tous les ſels connus.

§ 12. (2.) La ſeconde, qu'il appelle *terra secunda*, terre ſeconde, inflammable ou principe, la nourriture du feu, le phlogiſton, eſt ce que les Anciens comprenoient obſcurement ſous le nom de ſouffre, dans l'énumération des principes des corps, mais que les Modernes conſiderent comme une matiere parfaitement pure, ſimple, élémentaire ou principe, la cauſe de l'inflammabilité, des couleurs, des odeurs ; il abonde dans les végétaux & les animaux, dans le ſouffre, le charbon, & toutes les matieres bitumineuſes ; les minéraux n'en ſont jamais exempts, & il eſt le même dans tous les ſujets des trois regnes ; & quel que ſoit le degré du feu, il ne ſépare pas les corps de leur phlogiſtic ſans l'action de l'air ; les métaux qui en ſont dépouillés, ſont reduits en chaux, & perdent, avec d'autres propriétés, leur éclat, fuſibilité & ductilité métalliques ; mais ils récuperent leurs propriétés & premier état, ſi on leur reſtitue. Le plomb, par la calcination, perd ſon phlogiſton, & par-là eſt converti en chaux rouge ; mais ſi on la met au feu avec quelque corps inflammable, comme huile, poix, cire, graiſſe, bois, os, elle reprend ſes propriétés métalliques, & devient de nouveau plomb, en recuperant ce qu'elle avoit perdu. Pour en donner une preuve, voici un exemple que tout le monde eſt à même de pratiquer : que l'on poſe dans la lumiere d'une chandelle, un ſceau de cire rouge, &, lorſqu'il commence à bruler, qu'on le ſoutienne au-deſſus d'une feuille de papier, on trouvera qu'après avoir ſifflé, étincelé, il en dégouttera des globules de plomb fondu, parce que la chaux de ce métal, qui entre dans la compoſition de la cire rouge, a récupéré ſon principe phlogiſtique ; 1°· par la graiſſe qu'il a déja récupérée par la flamme de la chandelle en formant le ſcel ; 2°· en le brulant une ſeconde fois, il en reprend ce qui lui en manquoit pour completter ſon principe inflammable, qui eſt le même dans tous les corps,

& ce que nous entendons par-tout où il est
fait mention dans ce Traité, de principe inflammable, sulphureux ou phlogiston.

§ 13 (3.) La troisieme terre est la mercurielle ou principe métallique d'où les métaux
tirent leur fluidité sans humidité ; lorsqu'il
est mis en mouvement par l'action du feu, il
les rend aussi fluides que le vif argent ; &
s'ils en sont privés, semblables à de la chaux
ou terre infusile, ils subissent les plus grands
degrés de feu sans se fondre ; il accompagne
par-tout le phlogiston, & en paroît inséparable ; & c'est peut-être ce que d'autres que
Becker appellent mercur ou esprit.

§ 14. Une démonstration de l'existence &
attributs de ces principes, en m'éloignant
trop de mon sujet, ennuieroit le Lecteur :
c'est pourquoi je renvoie ceux qui desireront
en acquérir une plus ample connoissance, aux
Ouvrages de Beckers, de Sthal & Hoffman ;
& il suffit de dire ici, que, des différentes
combinaisons de ces quatre ou de quelques-
uns de ces principes, tous les êtres créés
tirent leur origine, selon le sentiment des
Philosophes Chimistes modernes, & que,
par art, & par la nature, ils peuvent se
réduire aux principes qui les composent ;
car il y a, dans l'univers, une succession
constante & réguliere, de création, & de
résolution des corps, puisque, de la destruc-

tion de l'un, il en réfulte la génération d'un autre.

§ 15. Une idée de la divifion qu'opere la Chimie fur les corps naturels, une notion générale de leur formation & réfolution m'a paru néceffaire; mais j'aurois outrepaffé mon intention, qui eft bornée à la recherche de la nature & des propriétés de l'eau, fi je m'étois étendu davantage fur cet objet : cependant comme les fels font les principaux moyens par lefquels l'eau devient compofée, & les principaux inftrumens pour découvrir les matieres qui entrent dans fa compofition, avant d'entrer en matiere, je tâcherai d'expofer clairement la nature & les propriétés des fels en général.

§ 16. Par fel nous entendons un corps favoureux qui imprime fur le Palais un certain degré de fentiment d'irritation ou corrofion qu'il tient de fa folubilité, fans laquelle il n'a pas de goût : Les fels en général font donc folubes dans l'eau, fufiles par le feu, & fe mêlent avec les terres qui ont de l'affinité avec leurs bafes particulieres.

§ 17. Tout fel eft reputé compofé du principe aqueux uni avec la premiere terre ou celle qui fe vitrifie, quelquefois avec celle-ci feule, ou avec un ou plufieurs principes terreftres, d'où réfulte la grande diverfité des fels.

§ 18. Sa grande attraction & solubilité dans l'eau, qui eſt la principale pierre de touche des ſels, provient de ſon premier principe, ou l'aqueux; & leur prompte union avec quelqu'autres matieres terreſtres qui augmentent leur ſolution dans l'eau, dépend de l'attraction de leurs parties terreſtres avec d'autres corps ſimilaires.

§ 19. Il y a une grande variété de ſels, diſtingués l'un de l'autre.

§ 20. Premierement on les diſtingue par la maniere dont ils ſont produits, en naturels & artificiels, ou en ceux qui partagent de tous les deux.

§ 21. (1.) Les naturels ſont trouvés dans les corps naturels des trois regnes & ſont reputés produits par un mouvement ſpontané.

§ 22. (2.) Les artificiels ſont ceux qu'on extrait de chaque corps naturel par diſſolution, fermentation, putrefaction, diſtillation & autres opérations de l'art, auxquels on peut ajouter:

§ 23. (3.) Ceux qui ſont produits par l'art & la nature; tel eſt le nitre moderne, &c.

§ 24. (2°.) La ſeconde diſtinction des ſels provient des regnes dont ils ſont produits & extraits, qui ſont, 1. le minéral, 2. le végetal, 3. l'animal.

§. 25. (1.) Le ſel qu'on trouve dans les entrailles

entrailles de la terre , ou qu'on tire de quelque foſſile , eſt appellé minéral ; c'eſt de cette ſource que tous les ſels tirent leur origine , quoiqu'on les voit quelquefois altérés & diverſifiés dans les autres corps.

§ 26. (2.) Celui qu'on extrait des végétaux eſt appellé végétal de même.

§ 27. (3.) Que celui qu'on tire des animaux , on le nomme animal.

§ 28. (3 °·) Leurs différens degrés de fermété , réſiſtance ou fixité dans le feu ou dans l'air, fournit la troiſiéme diſtinction en fixes , volatiles & ſemi-fixes ou ſemi-volatiles.

§ 29. (1.) Les ſels fixes ſont ceux qui ne ſubiſſent aucune altération eſſentielle en plein air , & ne perdent rien de leur ſubſtance par le plus grand degré du feu, à moins que la flamme du feu de reverber n'agiſſe ſur eux : tels ſont tous les ſels fixes qu'on tire des cendres des végétaux calcinés.

§ 30. (2.) Les volatiles ſont ceux que, non-ſeulement la plus légere chaleur diſſipe & met en mouvement, mais qui s'échappent lorſqu'ils ſont expoſés en plein air, comme les ſels tirés des végétaux, des animaux & ſemblables, par la putréfaction ou diſtillation.

§ 31. (3.) Les ſemi-fixes ou ſemi-volatiles ſont ceux qui ſe ſoutiennent dans l'air & certains degrés de feu ; cependant, lorſ-

qu'ils font dans des vaiffeaux fermés, expofés au feu, ils s'élevent du fond jufqu'au
milieu ou à la partie fupérieure, où ils reprenent leur premiere forme; tels font ceux
qu'on appelle fels armoniacs & femblables.

§ 32. (4.) Mais la diftinction la plus effentielle, & qui mérite le plus notre attention,
pour parvenir à ce que nous nous propofons
dans le préfent Traité, c'eft la divifion des
fels, 1. en acides; 2. alcali & 3. en fel neutre.

§ 33. (1.) Les fels acides font connus par
le goût qu'on appelle *fur* dans notre langue,
& font répandus par toute la nature; ils
tirent leur dénomination des différens regnes
qui les fourniffent, 1. minéral, 2. végetal,
3. animal.

§ 34. (1.) Les acides minéraux font de
trois fortes.

§ 35. Le premier tire fa dénomination
des fubftances minérales dont on l'extrait le
plus communément; tel eft l'acide du fouffre,
ou du vitriol, ou d'alun, généralement connu
fous les noms d'efprit ou d'huile de vitriol
ou de fouffre; c'eft cet acide univerfel qui
parcourt toute la création : on le nomme
aërien ou éthéré, parce qu'il eft abondant
dans ces régions; & primitif, comme étant
la fource d'où les autres acides tirent leur
origine ; il eft cenfé compofé uniquement
de l'union du principe aqueux & de la terre

qui est susceptible de vitrification. Cet acide est trouvé fixe & volatile dans la nature, & par l'art.

§ 36. Le second est l'acide du nitre, vulgairement appellé l'esprit de nitre ou eau-forte; il est tiré par art du nitre moderne ou salpêtre, dont il porte le nom : on l'estime composé du premier, ou de l'acide universel, plus subtilement atténué par le phlogistique, au moyen de la putrefaction, par-tout adhérant à quelque base saline ou terrestre, on ne le trouve jamais pur dans la nature, ce qui le fait regarder comme produit de l'art.

§ 37. Le troisieme est l'acide du sel marin ou son esprit; il est tiré par le même moyen que celui du nitre, du sel dont il porte le nom; on le juge composé de l'acide universel, subtilisé par son union avec la troisieme terre, d'où il tire sa propriété à volatiser certains métaux ou substances métalliques : semblable à l'acide du nitre, il n'est jamais trouvé pur dans la nature; mais dans sa propre forme ainsi que celui-là, il se trouve uni à un alcali minéral, ou, comme l'acide du nitre, à quelque base calcaire, de sorte qu'à cet égard ressemblant au précédent, on le regarde comme un enfant de l'art.

§ 38. (2.) La seconde classe générale des acides est celle des végétaux, & on les divise en naturels & artificiels.

§ 39. (1) Les acides naturels font les fucs de différentes plantes & fruits, comme ceux qu'on tire par expreffion de toutes les efpeces d'ozeille, cultivées & fauvages, & autres, de l'épine vinette, de grofeille, de raifins de Corinthe, de cérife, de pomme, de poire, d'orange, citrons & femblables, auxquels on peut ajouter toutes les liqueurs acides qu'on obtient par la diftillation, au moyen d'un feu ouvert de la plûpart des végétaux, & particulierement des bois durs : tous ces acides font reputés réfulter des différentes combinaifons de l'acide univerfel, ou de fes modifications.

§ 40. (2.) Les acides artificiels font le produit de la fermentation, des fucs, doux, aufteres, ou d'autres goûts tirés par expreffion ou infufion de toutes productions végétales : tels font le cidre, le poiré, le vin, l'hidromel, la biere, &c. ou les liqueurs qu'on obtient par une feconde fermentation, comme le vinaigre, auxquels on peut ajouter le tartre, qui eft une concrétion faline acide.

§ 41. (3.) Les acides animaux compofent la troifieme claffe ; les fucs de l'eftomac de la plûpart des animaux, la prefure, & ceux qu'on tire par la lotion & diftillation des infectes armés d'aiguillons, principalement de la fourmi, font de cette efpece ; auxquels on peut ajouter celui que Homberg a démontré

par la diſtillation du ſang , & celui du ſel
naturel tiré de l'urine *, la baſe du phoſphore.

§ 42. (2.) Les ſels alcalis ſont ainſi nom-
més parce qu'ils ont été tirés, premierement
de la plante Kali , auquel nom on a ajouté
l'article al , qui ne ſignifie pas plus que , l'article le ou la des François , ou le the des Anglois ,comme qui diroit le kali, ou la matiere
dont eſt compoſé le verre : ces ſels ont un
goût tout-à-fait oppoſé aux acides , avec leſquels ils ne s'uniſſent jamais ſans combat ou
ébullition , & de leur union ſont formés les
ſels neutres.

§ 43. Les ſels alcalis ſont premierement
diviſés en fixes & volatiles , & les fixes ſub-
diviſés en naturels ou minéraux, & artificiels
ou végétaux : le ſel alcali naturel ou minéral
eſt la baſe du ſel commun , le nitre des Anciens ; il reſſemble au ſoda des Modernes ,
ou au ſel alcali trouvé dans la plus grande
partie des eaux minérales. L'alcali végétal
eſt celui qu'on tire des cendres ou de la
calcination des herbes , des racines, des arbres , & de toutes autres productions végé-
tables , à l'exception de celles qui contiennent
l'alcali volatile , parce qu'elles ne fourniſſent
pas de ſel fixe, & des plantes marines ou ſub-
marines , dont le ſel eſt de la nature de l'alcali

* *J. A. Schloſſer M. D. Leyd. Diſſert. inaugural. de ſale
nativo urina , Lugd. B. 1752.*

mineral ou naturel, ce reméde à la mode, auquel on a donné le nom d'Æthiops vegetable, est de cette espece, dénomination vuide de sens & bizarre, puisque ce n'est rien d'autre que la soda, l'alcali des Anciens : l'alcali fixe passe pour être composé de l'acide végétale uni à une petite partie du phlogiston avec la terre végétable qui se vitrifie.

§ 44. Les alcalis volatiles sont ceux que l'on obtient de tous les végétaux & des animaux par la putréfaction ou combustion, & par la distillation de quelques végétaux, comme des cressons, des raves & toutes les especes de raiforts & oignons, & de même que des extrêmités & des parties des corps des animaux en général. L'alcali volatile est censé consister dans une substance saline subtilisée par le principe inflammable, mis en mouvement dans la putrefaction, ou par l'action du feu. Outre cet alcali volatile artificiel, il s'en trouve un naturel, que l'on attribue au regne mineral d'où il est tiré ; il est si volatile, qu'on ne le trouve jamais pur ; on le trouve toujours incorporé avec les vegetaux & les corps des animaux mineralisés, comme dans les differentes petrifications de ces substances ; quelques-uns doutent qu'il existe dans la nature ; mais comment peuvent-ils rendre raison de la formation du sel armoniac naturel, qui, comme l'artificiel, consiste en un alcali volatile, & l'acide du fel marin.

§ 45. (3.) Les fels neutres font des compofés d'acides & d'alcalis qui ne partagent
de la nature ni de l'un ni de l'autre, parce
qu'ils font une tierce ou moyenne fubftance
qui refulte de leur union ; delà vient qu'ils
font appellés *falia media, enixa & neutra.*
De la combinaifon des differens acides &
alcalis, il en réfulte des fels neutres, qui varient à l'infini, comme il fera expliqué dans
la fuite ; quelques-uns ajoutent, improprement, à cette claffe, les concretions falines
qu'on obtient par la diffolution des differens
metaux & terres dans les acides, qu'ils nom-
ment fels terreftres ou metalliques.

§ 46. En paffant fous filence les differentes circonftances de ces corps qui appartiennent en general à la Philofophie naturelle, &
particulierement à la Chimie, je debuterai
par les proprietés des fels qui font analogues
à cet objet, &c.

§ 47. (1.) Pour ce qui regarde les acides, ils font tous prêts à s'unir avec l'eau
parce qu'ils en contiennent tous en abondance ; car il eft demontré par les obfervations
exactes de Homberg & de Boerhaave, que
le plus puiffant & le plus pefant des acides,
l'huile de vitriol la plus concentrée, ne contient pas au - deffus de la moitié d'acide
proprement dit, le refte eft entierement de

l'eau ; l'esprit de nitre contient un peu plus de la quatrieme partie de vrai acide, & un peu moins des trois quarts d'eau, celui de sel marin un peu mieux que la sixieme partie, & le reste est de l'eau pure ; & dans une once de ·vinaigre distillé, il y a seulement environ dix-huit grains d'acide, le reste est de l'eau.

§ 48. Les acides, par l'attraction entre leurs bases & autres corps terrestres dissoudent & s'unissent avec differentes terres selon leurs differens degrés d'affinité : comme dissolvens, ils agissent tous avec force, & produisent des effets differens sur les alcalis fixes & volatiles, sur les terres grossieres, les pierres tendres & les coquilles ; ils attirent tous très-fortement, &, par consequent dissolvent très-promptement 1. les alcalis fixes, & de ceux-ci le vegetal plutôt que le mineral, 2. les alcalis volatiles, 3. les terres absorbantes, & sur-tout la chaux vive, 4. les ecailles d'œufs, 5. les yeux d'écrevisses 6. & en dernier lieu la craie.

§ 49. La plûpart des metaux & substances metalliques, sont de même differemment affectés par les acides.

§ 50. Tous les acides soit mineraux ou vegetaux, sont plus ou moins propres à dissoudre le zinc, &, en quelque façon, la calamine.

§ 51.

§ 5 1. L'acide vitriolique par lui-même dif-folve non-feulement le zinc, mais encore le fer & le cuivre ; & par l'intervention de l'art, dont il ne s'eft pas encore trouvé dans la nature rien d'analogue, il diffout le vif-argent, l'argent, l'étain, le plomb & le regule d'antimoine *.

§ 5 2. Mais l'attraction & la puiffance dif-folutive en général de cet acide, eft felon l'ordre fuivant : 1°. avec l'efprit inflammable, 2°. avec l'alcali fixe, 3°. avec l'alcali volatile, 4°. avec les terres abforbantes, 5°. avec le zinc, 6°. avec le fer ; il attaque tous ces corps avec tant de force & de rapidité, qu'il les diffout facilement & vîte ; 7°. mais fon action eft plus lente, & il opere la diffolution du cuivre avec plus de difficulté ; il diffout, au moyen d'un maniement particulier, 8°. le plomb, 9°. le vif-argent, 10°. l'argent, 11°. l'étain, 12°. le regule d'antimoine, ce qui eft caufe que nous ne trouvons aucune diffolu-tion naturelle de ces derniers, 8, 9, &c. dans cet acide.

§ 53. L'acide du nitre diffout non feule-ment les demi-métaux, mais le zinc, le vif-argent, le regule d'antimoine, & tous les mé-taux, excepté l'or & l'antimoine crud.

§ 54. Voici l'ordre que cet acide garde dans l'attraction & la diffolution. Après avoir

* Stahl, *de Salibus.*

diſſous les ſels alcalis & les corps terreſtres de
la même maniere & dans le même ordre que
l'acide vitriolique, il attire & diſſout, 1°. le
zinc, 2°. le fer, 3°. le cuivre, 4°. le plomb,
5°. le vif-argent, 6°. l'argent, 7°. l'étain,
8°. le regule d'antimoine; mais comme cet
acide n'eſt jamais trouvé pur dans la nature,
c'eſt la raiſon pourquoi nous ne devons chercher aucune diſſolution naturelle de ces ſubſtances métalliques dans cet acide.

§ 55. L'acide du ſel marin, de même que
les autres, attaque & diſſout les alcalis, les
ſubſtances terreſtres, les métaux complets
& incomplets, mais d'une maniere & dans un
ordre différent. Il diſſout très-promptement,
1°. le fer, 2°. le cuivre, plus promptement
que l'acide vitriolique, 3°. l'étain, 4°. le regule
d'antimoine, 5°. plus lentement & avec plus
de difficulté le plomb, 6°. très-difficilement
l'argent, 7°. le vif-argent; & lorſqu'uni avec
l'acide du nitre il compoſe l'eau regale, il
diſſout l'or, & non autrement, même quoiqu'on ſuppoſe qu'il correſpond avec les principes terreſtres ou mercuriels de quelques-uns
de ces métaux ou ſubſtances métalliques,
néanmoins il n'eſt propre à les diſſoudre que
lorſqu'il eſt concentré, ou lorſqu'ils ont déja
été diviſés ou diſſous par d'autres diſſolvans;
c'eſt ainſi qu'il précipite l'argent & le plomb
diſſous dans l'acide du nitre, & s'unit

très-intimement avec leurs magisteres, & les volatilise. Il précipite aussi le mercure dissous dans le même acide ; mais tout de-suite il le dissout une seconde fois ; & lors-qu'il est concentré & uni avec l'étain, le regule d'antimoine ou le vif-argent, il les rend à peu près volatiles, ou les volatilise à demi *. Selon l'ordre de son attraction déterminée par Geoffroy dans ses Tables des affinités, il dissout, 1°. l'étain, 2°. le regule d'antimoine, 3°. le cuivre, 4°. l'argent, 5°. le vif-argent, & 8°. l'or ; mais il est à remarquer que les absorbans, de même que les alcalis fixes & volatiles, précipitent ces corps dissous dans ce dissolvant, & particulierement le mer-cure sublimé, lequel, par l'alcali fixe, donne un précipité de couleur brune orange, &, par l'alcali volatile, un magistere très-blanc ; il faut aussi faire attention que, de même que l'acide du nitre, il est toujours uni dans la nature avec un alcali ou base terrestre, ce qui fait qu'on ne trouve nulle part dans la nature une dissolution de ces substances métalliques dans cet acide, non plus que dans celui du nitre.

§ 56. Dans tous ces cas, celui qui a le plus d'affinité ou d'attraction avec le dissolvant, est reconnu le premier, & occupe la premiere place dans la classe des affinités ; enfin, lors-

* § 37.

que la fubftance, qui occupe la feconde place eft diffoute par un diffolvant , & qu'on lui préfente le premier, il précipite le fecond, & occupe fa place ; le fecond en fait autant du troifieme , & le troifieme du quatrieme, & ainfi de fuite , comme il fera expliqué dans la fuite , en donnant la méthode d'axaminer les eaux par précipitation. Celui qui veut en être inftruit , peut recourir à l'Effai & Choix des Eaux.

§ 57. Nous allons examiner à préfent les effets qui réfultent de l'union de ces différens fels , ou de leur mélange avec diverfes fubftances terreftres & métalliques.

§ 58. Tous les acides attaquent les fels alcalis & les terres abforbantes ; les acides mineraux en particulier , attaquent la plûpart des métaux avec une telle rapidité qu'ils caufent une grande effervefcence & une ébullition écumeufe , mais dont les degrés font différens ; lorfque le combat ceffe , & qu'il n'eft pas renouvellé par l'addition d'une matiere nouvelle , le point de faturation eft trouvé , & le diffolvant eft chargé d'autant de matiere qu'il peut en tenir en parfaite diffolution , qui forme un état neutre.

§ 59. De ces diffolutions réfultent les différens goûts & les autres qualités ; tous les acides raffafiés de fels alcalis & terres abforbantes perdent leur goût d'acidité & qualités corrosives, pour prendre un goût salin avec plus ou moins d'amertume, & n'offensent plus le goût ni le toucher ; ils font des sels neutres.

§ 60. De ceci il y a cependant une exception ; l'acide vitriolique, chargé d'une certaine terre, d'une espece de limon cretacé, compose cet austere & âpre stiptique qu'on nomme alun.

§ 61. Le même acide, impregné de fer, fournit un stiptique doux & bénin, avec le cuivre un septique, avec le mercure un caustique.

§ 62. L'acide du nitre, chargé de plomb, fournit un doux stiptique ; impregné de cuivre, de vif-argent & d'argent, il fournit des septiques & des caustiques.

§ 63. Le fer diffous par l'acide du sel donne un stiptique ; le regule d'antimoine, un puissant septique ; & le mercure, un très-fort caustique.

§ 64. Tous les acides minéraux avec les sels alcalis donnent des cristaux de forme déterminée & se conservent ainsi d'une consistance solide & seche, tandis qu'unis avec les terres absorbantes, ils conservent leur liquidité, même étant desséchés par l'action du feu, ils absorbent l'humidité de l'air & redeviennent liquides ; à l'exception de l'acide vitriolique, qui avec la chaux, la craie & autres terres calcaires, & la base de l'alun conferve une forme folide & feche dans le felenite & l'alun.

§ 65. L'acide vitriolique uni à l'alcali naturel ou minéral forme le fel neutre, que nous trouvons dans la plûpart des eaux minérales, & qui eft analogue au fel de Glauber ou epfom. L'alcali végétal ou artificiel diffous par ce même acide, donne le tartre vitriolé; & de l'union de cet acide avec l'alcali volatile, il en réfulte un fel armoniac qui eft le fecret de **Glauber**; tous les métaux fufceptibles de diffolution par cet acide, produifent des fubftances feches criftallines, principalement le fer & le cuivre d'où on tire le vitriol verd & bleu; propriété cependant qui n'appartient qu'à l'acide vitriolique, le plus épais & le plus pefant; car quoique celui qui eft fubtilifé & volatilifé retienne les principales propriétés du premier, par exemple, l'affinité, l'attraction & la propriété de diffoudre les métaux, les terres & les fels, il eft néanmoins fi volatile qu'il abandonne les corps avec lefquels il étoit uni lorfqu'il eft agité par la moindre chaleur, ou qu'on lui ajoute un acide plus fixe; il faut cependant excepter le phlogifton avec lequel il a la plus forte attraction, & avec lequel il s'unit très-fortement & intimement pour former cette concretion femi-volatile qu'on appelle foufre; il s'échappe promptement des diffolutions de fer opérées par le moyen de cet acide volatile dans les eaux minérales, abandonne le fer qu'il y tenoit diffous, & le laiffe précipiter en forme de terre martiale, ce qui a donné naiffance à cette fauffe idée d'un vitriol volatile, univerfellement & par abfurdité repanduc.

§ 66. L'acide du nitre uni avec l'alcali minéral fixe, donne une efpece de nitre, dont les criftaux font quadrangulaires, & avec l'alcali fixe végétable, il forme le véritable nitre dont l'alcali végétal eft la bafe, ce qui eft appellé le nitre régénéré; il s'unit auffi avec l'alcali volatile & donne une concretion faline, mais qui fe réduit difficilement en criftaux; elle participe en partie de la nature du fel armoniac & du nitre; cet acide avec l'argent, le vif-argent & le plomb, donne des criftaux fermes; avec le fer, le cuivre & l'étain, il refte liquide, à moins que fon humidité ne foit évaporée par l'action du feu, laquelle, cependant, il réabforbe tout de fuite de l'air, & fe liquefie de nouveau.

§ 67. Les acides avec les fels alcalis purs & les terres abforbantes ne caufent aucun changement de couleur fenfible; mais avec les métaux, il en réfulte des différentes.

§ 68. La diffolution du fer par l'acide vitriolique offre un verd de gazon obfcur, plus brillant dans fes criftaux; celle du cuivre par le même acide fournit une couleur de bleu faphire brillante, mais plus foncée dans fes criftaux.

§ 69. L'acide du nitre avec le fer, produit une couleur entre le jaune & le brun rougeâtre, avec le cuivre un bleu celefte pâle, avec l'argent aucune couleur, excepté lorfqu'il eft allié avec le cuivre, il acquiert la couleur de ce métal.

§ 70. L'acide du fel avec le fer donne une couleur entre le jaune & le verd ; cette diffolution, en fe repofant, dépofe un fédiment tirant fur le noir, lequel, par une feconde addition d'efprit de fel, donne une couleur orange ; cet acide, avec le cuivre, produit une couleur brillante d'émeraude, qui devient de plus en plus par le temps obfcure & brune ; fi cet acide eft mêlé avec l'acide du nitre en certaine quantité, il forme l'eau régale dans laquelle le cuivre diffous montre le verd ; & l'or, fa couleur naturelle.

§ 71. La forme des criftaux qui réfultent de ces combinaifons, les caractérifent fuffifamment.

§ 72. Les criftaux qui proviennent de la faturation de l'acide vitriolique avec quelque alcali fixe, ont huit faces, & fe terminent en pointes obtufes ou piramidales tronquées : tels font les criftaux de tartre vitriolé, &c. ils foutiennent l'action du feu, fans changer ni

fe

fe fondre ; ceux que cet acide produit avec l'alcali minéral ou avec la bafe du fel marin, font d'une autre figure, ce qui les fait excepter de cette regle ; ils approchent de bien près de la figure du prifme ou hexagonale, que le nitre affecte ; mais ils fe criftallifent horifontalement dans la liqueur, & font très-fufiles, tandis que ceux de nitre prenent toute forte de direction.

§ 73. La diffolution du fer par l'acide vitriolique, donne des criftaux de figure parallelipipede, les angles & les côtés oppofés les uns aux autres.

§ 74. Les criftaux de vitriol avec le cuivre, font de la même figure ; mais la fituation des angles & de leurs côtés eft plus incertaine & indéterminée.

§ 75. La faturation de l'acide du nitre, par quelques alcalis artificiels fixes, donne des criftaux de figure de prifme hexagonale ; de même que ceux de nitre, dont deux côtés oppofés excedent le refte par leur furface & leur largeur ; chaque prifme fe termine en telle pointe, & comme s'ils repréfentoient des criftaux coupés obliquement & tranfverfalement du côté large à l'autre oppofé, ce qui forme le nitre régénéré ; mais la faturation de ce même acide avec l'alcali naturel, donne des criftaux quadrangulaires *.

* § 66.

D

§ 76. Les différens métaux diſſolubles par
cet acide, & réductibles à une forme criſtalline, produiſent différens criſtaux, comme, par exemple, le plomb diſſous par l'acide
du nitre, donne des criſtaux de differentes
figures, & qui ont depuis onze juſqu'à vingt-
ſix côtés, dont un, qui eſt le côté de deſſous,
eſt large & plat, le reſte taillé en différens
côtés, & de formes différentes, ſur une baſe
hexagone, & quelquefois octogone : avec
l'argent & l'étain, il produit des criſtaux plats
& dentélés, ou en forme d'écailles ; avec le
vif-argent, des criſtaux pointus en forme de
lance ; & avec l'argent & le vif-argent enſemble, il fournit des concrétions criſtallines en
forme de racine ou d'arbre, qui forment l'arbre des Philoſophes ou de Diane, dont on
parle tant.

§ 77 L'acide du ſel marin raſſaſié de l'alcali végetal ou minéral qui eſt ſa baſe naturelle, donne des criſtaux qui ſont communément, mais improprement, appellés cubiques ; car ils ſont formés de petits quarrés
égaux en longueur, qui s'uniſſent par leurs
extrêmités, & forment un vrai quarré : de
ce quarré ſort un ſecond, d'une plus petite
étendue ; ainſi du troiſieme juſqu'au ſixieme,
qui, en diminuant juſqu'à la fin, repréſen-
tent une eſpece de figure cubique ; ainſi chaque criſtal de ſel, depuis le premier, qui eſt

plus large , & une efpece de pellicule , diminue jufqu'au dernier ; or le plus bas & tous
enfemble forment une piramide renverfée ,
ce qui eft le fel marin régénéré ; mais cet
acide , uni avec l'alcali volatile , forme le fel
armoniac , & donne des criftaux longs &
déliés en guife de plumes.

§. 78. Nous confidererons ici ces acides
rélativement à leurs puiffances, attractive ,
diffolutive & tenant les corps en diffolution.

§ 79. Il eft reconnu par expérience , que
l'acide vitriolique fe charge de quelque fel
alcali, & le retient plus fermement que l'acide
du nitre ou celui du fel marin ; enfin , l'attraction de cet acide avec un alcali fixe , eft plus
forte que celle de l'acide du nitre ; & celle de
l'acide du nitre , avec la même bafe , eft plus
forte que celle de l'acide du fel marin ; & celle
de l'acide du fel marin , eft plus forte que celle
du vinaigre , & ainfi du refte.

§ 80. Ces verités font expliquées & prou-
vées par les expériences fuivantes :

§ 81. Que l'acide du fel marin foit chargé
d'une quantité de fel alcali végétal jufqu'à
faturation , il en réfulte à tous égards un fel
femblable au fel marin : ceci prouve que les
parties qui conftituent le fel marin , font cet
acide fpécifique qui a pour bafe un fel alcali:
le réfultat de cette compofition eft nommé,
le fel marin régénéré.

D ij

§ 82. Qu'à ce sel mis dans une retorte de verre, on y ajoute l'acide du nitre, cet acide attirera & sera attiré plus fortement par la base du sel, qu'il ne l'avoit été par le plus léger & le plus foible des acides minéraux, je veux dire celui du sel marin : de-là vient que, lorsqu'on donne un suffisant degré de feu, l'acide du sel marin distille en fumée blanche, mêlé en partie avec les fumées rouges de l'acide du nitre, ce qui forme une espece d'eau régale, ou l'union de l'acide du sel marin avec une petite portion de l'acide du nitre : il reste après cette opération dans la retorte, une masse saline & blanche, composée de l'acide du nitre uni à l'alcali végétal fixe, laquelle, par la dissolution, l'évaporation & la cristallisation, donne le nitre régénéré, ou parfait salpêtre.

§ 83. Si on ajoute à ce sel mis dans une autre retorte, une quantité suffisante d'acide vitriolique, il s'emparera de l'alcali fixe qui a servi alternativement de base aux deux sels précédens ; & l'acide du nitre étant, par ce moyen, dégagé, distillera promptement, comme fit l'acide du sel marin ; & il résulte de cette union de l'acide vitriolique avec l'alcali fixe, après la cristallisation, le tartre vitriolé, un sel qui n'est plus fusile, & qui ne se décompose que par le mélange du principe inflammable.

§ 84. Ainsi le plus pesant & le plus fort chasse le plus foible & le plus léger des acides. Ces expériences nous montrent comment le plus puissant peut servir à chasser son inférieur ; car l'acide du nitre supplante & dégage l'acide du sel, comme celui de vitriol, les deux autres : de même, chaque de ces acides minéraux chasse celui des acides végétaux qui soutient, sans s'altérer, l'opération qui l'unit avec une pareille base. Si on avoit employé le sel marin commun avec sa propre base minérale alcaline, le resultat à l'égard de l'acide, eût été de même ; mais pour ce qui est du sel, il eut différé ; car de la premiere saturation, qui est celle de l'acide du sel marin avec l'alcali naturel, nous aurions eu le vrai sel marin ; de la distillation de ce sel avec l'acide du nitre, un nitre quadrangulaire ; & de celui-ci avec l'acide vitriolique, un sel de Glaubert.

§ 85. Ces expériences montrent la force attractive différente de ces acides à l'égard de la même base, & le moyen de rompre leur union ou cohésion : celle de l'acide vitriolique avec l'alcali fixe, les surpasse toutes ; elle ne peut se rompre que par l'addition de quelque matiere phlogistique qu'on met en fusion avec le sel de Glaubert ou le tartre vitriolé, ou quelque alcali fixe, pour accélérer la fusion de cet autre sel, qui est infusible : par cette opération, on sépare l'acide vitriolique, ou l'acide universel, qui est la même chose, d'avec la base alcaline, d'où il résulte une nouvelle combinaison de l'acide universel avec le principe inflammable, qui produit le souffre commun, dont il sera parlé plus amplement en donnant la méthode d'examiner les eaux ; mais cet acide vitriolique, le plus fixe & le plus pesant de tous, peut être rendu le plus subtile & le plus léger, en y ajoutant une certaine portion de phlogiston ; c'est par ce moyen qu'on volatilise l'huile de vitriol, en la distillant dans une retorte felée : on obtient la même chose, en distillant de l'huile essentielle ou l'esprit de vin avec l'huile de vitriol ou le pyrites : cette espece d'acides s'unit avec les alcalis & les absorbans, même avec les métaux ; mais il les quitte d'abord au moindre degré de chaleur, ou par l'interposition d'un acide plus fort ; c'est cet acide volatile que la plûpart des eaux minérales contiennent, & qu'on regarde, sans raison, pour un vitriol volatile.

§ 86. Il est maintenant nécessaire d'insinuer quelque chose de plus, touchant la propriété des sels alcalis & leurs caracteres distinctifs.

§ 87. On a démontré que les acides sont les vrais dissolvans des terres, des métaux, aussi-bien que des alcalis. Les alcalis, en rompant leur union, précipitent les terres, les

pierres ou les métaux diffous dans ces acides, & deviennent les diffolvans propres des
gommes, des réfines, des gommes-réfines &
des huiles des végétaux, exprimées ou diftillées, de même que des graiffes & des huiles des
animaux : d'un autre côté, par l'entremife des
alcalis, certains métaux & demi-métaux font
diffous ; le plomb, l'étain & l'antimoine mis
au feu avec le nitre, font, par ce moyen,
réduits en chaux : par cette opération, le nitre eft en quelque forte alcalifé & chargé de
ces métaux ou fubftances métalliques, les
fels alcalis ainfi chargés, fe diffoudent dans
l'eau ; de-là les folides qu'ils contiennent, fe
diffoudent dans l'eau, & fe précipitent par
les acides ; & le cuivre & le fer diffous par
les acides, en font dégagés, & fe foutiennent
en diffolution par les alcalis ; de même le
fouffre & plufieurs concrétions fouffrées du
regne minéral, s'uniffent aifément avec les
alcalis, &, par leur entremife, deviennent
folubles dans l'eau, dans les efprits ardents,
les huiles effentielles, & celles qu'on obtient
par expreffion.

§ 88. Les alcalis de même fe diffolvent &
fe convertiffent en une efpece de favon fluide, dans les efprits ardents, auxquels ils
donnent une couleur orange, principalement
les alcalis fixes, qui réuffiffent d'autant mieux
qu'ils font rendus plus cauftiques par la cal-

cination, qu'ils supportent long-temps sans altération ni perte, à moins qu'on ne les expose au feu de reverbere, par lequel ils font en quelque façon volatilisés. Les esprits impregnés de la forte par les alcalis, ne s'en dégagent pas parfaitement, même par une distillation répétée; on les appelle communément, esprits tartarifés; mais, proprement, ils font alcalifés.

§ 89. Tous les alcalis changent les sucs des fleurs bleu & rouge, & le fuc rouge de certaines plantes, en verd; l'alcali le plus âcre & le plus pur donne le plus haut & le plus brillant verd: les bleux qu'on tire de certaines plantes ou fucs des végétaux putrefiés, tels que le tournefol, &c. confervent & même ont leur couleur exaltée par les alcalis, principalement par le volatile; & lorfqu'elle eft changée en rouge par les acides, ils reprennent leurs couleurs naturelles au moyen des alcalis, ou ils prenent un pourpre ou couleur violette.

§ 90. L'alcali eft le plus prompt de tous les fels connus en concrétion, à fe diffoudre dans l'eau; on peut goûter leur extrême acrimonie & acreté cauftique avant que la diffolution ne les rende dangereux; ils impriment enfin un goût urineux & âcre fur la langue. Une diffolution qui contient ces fels, eft reconnue, 1°. par une ébullition, lorfqu'on y

mêle

mêle des acides, d'où il réfulte un fel neutre ; 2°. en changeant la couleur des fucs de certaines plantes, comme nous venons de dire * ; 3°. en précipitant les métaux & les terres diffoutes par les acides ; 4°. en précipitant la diffolution du mercure fublimé dans l'eau, en couleur orange lorfqu'elle eft impregnée d'alcali fixe, & en blanc lorfque c'eft un alcali volatile.

§ 91. En montrant la puiffance diffolutive de l'eau, nous parlerons des différens degrés de folubilité des fels en général, & de la maniere de les féparer, lorfqu'ils font unis enfemble, ou avec les terres les plus groffieres.

§ 92. Cet Abrégé de l'Idée générale de la génération ou production des fels les plus fimples, comme les acides & les alcalis, & des plus compofés, comme des fels neutres, des terreftres & métalliques, de leur relation réciproque, & de celle qu'ils ont avec d'autres objets, de leur pouvoir, comme diffolvans, & de leurs effets en produifant, détruifant & reftaurant les couleurs, de leur vertu à précipiter les différens corps tenus en diffolution, fera éclairé & expliqué, autant que l'exige le fujet préfent, lorfque je traiterai de la méthode d'éprouver & d'examiner les eaux, où le Lecteur eft renvoyé, pour s'inftruire plus particulierement.

* § 88.

E

§ 93. Les expériences & les obfervations précédentes nous montrent, autant que l'on doit l'attendre dans un Ouvrage de cette nature, comment les différentes efpeces de fels font formées, & de la maniere que la grande variété des diffolutions & combinaifons des corps propres à être fufpendus dans l'eau, peuvent être produites & découvertes, par l'entremife des fels répandus dans l'univers.

Fin de l'Idée générale des Sels.

ESSAI
SUR
LES EAUX.

PREMIERE PARTIE.
De l'Eau en général.

PARAGRAPHE I.

L'ELEMENT connu chez les Grecs par le nom d'*Hudor*, que les Latins appellent *Aqua*, les Allemands, *Waſſer*, les Anglois, *Water*, eſt une liqueur ſi généralement connue aux hommes & aux brutes, que les premiers en ont une idée par le ſeul nom, les autres par la vue, le tact & le goût.

§ 2. Malgré cette connoiſſance générale de l'eau, il eſt auſſi difficile que néceſſaire de tracer une idée raiſonnée & juſte de ce fluide bienfaiſant.

§ 3. Je ne traiterai pas ici de l'eau comme d'un pur élément, ou comme principe phyfique des autres corps ; je la confidererai principalement comme elle fe préfente à nos fens, & j'examinerai fes principales propriétés, fes qualités & fes ufages ; & pour la mieux diftinguer, je la définis :

§ 4. Un corps humide fluide, tranfparent, fans couleurs, fans odeur & infipide, plus leger que les terres, plus pefant que l'air, & la plus grande part des huiles * & efprits ardents. Ce corps n'eft pas fufceptible d'inflammation ni de compreffion ; cependant, par la chaleur, il eft fujet à une grande raréfaction, extenfion confidérable, & à une élafticité remarquable ; par le froid, fufceptible de condenfation & congélation. Les parties qui entrent dans fa compofition font hétérogenes, parce qu'avec l'eau pure ou ce fluide élémentaire & délié, tous les autres élémens, comme les terres, les fels, les corps fulphureux ou inflammables & l'air fe trouvent en différentes proportions plus ou moins intimement unis & combinés.

§ 5. Quoique, felon cette définition, il ne doit y avoir qu'une efpece d'eau, néanmoins nous la diftinguons, pour éviter l'obf-

---

* Il fe trouve des huiles plus pefantes que l'eau commune : telles font les huiles empireumatiques de guajac & de buis, même les huiles effentielles de cloux de girofle, de canelle & de faffafras, &c.

curité, en plufieurs efpeces, eu égard aux matieres qui dominent dans ce fluide.

§ 6. Jufqu'ici il ne s'eft pas encore trouvé dans la nature, & l'art ne nous a pas fourni jufqu'aujourd'hui de l'eau pure ou élementaire; mais comme nous fommes contraints en général de juger des chofes relativement & par comparaifon, nous parlerons & nous raifonnerons ainfi des eaux : celles qui ne frapent ni l'odorat ni le goût, & font à tous égards claires, fans couleur, fans odeur & infipides, paffent, d'un confentement unanime, pour pures & douces, tandis que celles qui impriment quelque chofe de fenfible aux fens, en couleur, odeur ou goût, font appellées minérales ou médicinales.

§ 7. A ces diftinctions il eft cependant néceffaire d'en ajouter d'autres plus particulieres.

§ 8. L'Hiftoire de la Création divife les eaux en deux claffes générales; il y eft parlé de la féparation des eaux d'avec les eaux, d'où il confte que, non-feulement le globe terreftre, mais encore le ciel ou l'atmofphere furent chargés en fi grande abondance de cet élément, qu'en différentes occafions la terre en reçut par fupplément de l'air celle qui étoit purifiée.

§ 9. C'eft pourquoi nous ne trouvons pas feulement la terre chargée d'eau, d'où elle

tire fon étymologie de globe terraqueux ;
mais encore l'atmofphere qui nous environne
eft très-chargée de ce fluide ; & ces deux amas
ou collections d'eau entretiennent un com-
merce mutuel par une efpece de diftillation.

§ 10. Car les eaux de la terre font raréfiées, atténuées & divifées en parties plus
legeres que l'air, par la chaleur du foleil ou
autres feux artificiels ; ce qui fait que l'eau
ainfi divifée monte en vapeurs fenfibles ou
exhalaifons qui échapent à la vue, & flottent,
ainfi modifiées dans l'air, jufqu'à ce que, condenfées par le froid, elles prennent la forme
de rofée, de pluie, de neige, ou de glace, &c.

§ 11. De cette façon, non-feulement les
eaux font continuellement purifiées, & il s'en
fait une circulation ou diftribution perpé-
tuelle dans les environs de la terre. C'eft ainfi
que les montagnes & les terres élevées, qui,
par leur fituation naturelle, n'en recevroient
pas de la terre, en font arrofées par le moyen
de l'atmofphere, & que les productions de
ces terreins en reçoivent fuffifamment. Le
fuperflu de ces eaux entre dans les conduits
des refervoirs communs des fources & des
rivieres.

§ 12. Ces confidérations nous conduifent
naturellement à diftinguer les eaux, 1°. en
météoriques & atmofphériques, 2°. & terreftres.

§ 13. 1°. Les eaux météoriques ou atmofpheriques ne font que des vapeurs humides ou exhalaifons élévées du globe terreftre dans l'air, & qui y fubfiftent pour un temps, jufqu'à ce que, condenfées par le froid, elles reprennent leur premiere forme. Ces eaux font, la plûpart, les plus douces & les plus pures que la nature nous fournit; mais comme elles paffent par l'air ou l'atmofphere, qui eft un corps auffi compofé que l'eau, on ne doit jamais les regarder comme abfolument pures, puifqu'elles fe chargent de tout ce qu'elles peuvent diffoudre dans le milieu par où elles ont paffé.

§ 14. Les différentes efpeces d'eaux météoriques font, 1°.

§ 15. La rofée, qui eft une vapeur humide, tirée de la terre dans l'efpace d'un jour, par l'action du foleil, laquelle fe condenfe & retombe en forme d'eau, lorfqu'il vient à décliner : cette eau eft reputée la plus fubtile & la plus légere, fur-tout fi elle eft recueillie loin des grandes villes, & confervée dans des receptacles qui ne lui communiquent aucune impreffion ; car elle varie non-feulement felon les qualités de l'air par où elle paffe en montant & en defcendant ; mais les plantes fur lefquelles elle fe dépofe, lui impriment quelque chofe de leur qualité, de forte qu'il eft difficile d'en cueillir d'abfolument pure ; & la plus pure, ainſi que l'eau, ne l'eſt pas ſtriĉtement parlant, puiſqu'elle eſt ſujette à la fermentation & à la putréfaĉtion.

§ 16. 2°. L'Eau de pluie approche le plus de la roſée par ſa légereté, ſubtilité & pureté ; elle eſt tirée du même fonds, & élevée par le même agent dans l'atmoſphere, où elle eſt préſumée ſéjourner plus long-temps que la roſée, qui n'eſt probablement que le produit d'un ſeul & même jour. Conſéquemment la pluie doit être plus diverſement & fortement impregnée de tous les corps qui nagent dans l'atmoſphere, que la roſée, qui y a fait un plus court circuit, ce qui fait qu'on trouve rarement la roſée beaucoup altérée, à moins que les corps ſur leſquels on l'a cueillie, ne lui aient communiqué leur qualité, au lieu que la pluie a été trouvée chargée de tout ce qui peut, par un moyen quelconque, être ſuſpendu dans l'air, comme d'un grand nombre de produĉtions, non-ſeulement du regne animal & végetal, mais auſſi du minéral, & de fer même, ſi nous en croyons ce que notre Auteur Gilber * nous en dit dans ſon Traité ſur l'aimant, où il cite Avicenne, Cardan, Scaliger & Ciceron, qui ont parlé de pluies de fer, ce qui paroitra moins ſurprenant lorſque nous expliquerons la cauſe

---

* Phys, *de magnete*, lib. 1. c. 2.

de

de la chaleur des bains. Puifque la pluie, en tombant, doit laver l'atmofphere, qui eft un corps très-compofé, & qui varie felon le climat & la faifon, il eft aifé de comprendre où & quand on peut l'avoir la plus pure. Plus le lieu où on l'a recueillie eft éloigné des Villes ou autres endroits habités, plus pure eft l'eau ; en un mot, plus pur & plus clair eft l'air par où paffe la pluie, plus pures & plus fimples doivent être les eaux ; de même, les faifons de l'année où les exhalaifons de la terre montent en plus grande abondance, font celles où les eaux font les plus compofées, & ainfi *vice versâ*.

§. 17. mais l'eau de pluie la moins compofée eft fi éloignée d'être pure, qu'elle fermente & fe pourrit en croupiffant, principalement dans une place échauffée. Enfin, fi on la diftille, elle donne un efprit huileux & en quelque façon inflammable, qui étant concentré par des fréquentes diftillations, devient ce qu'on dit un vrai diffolvant de l'or[*].

§. 18. Hippocrate préfere l'eau de pluie à toutes les autres[¶]. Il recommande celle qui tombe dans l'été des nuages blancs & brillans, principalement après le tonnerre & les éclairs, par lefquels l'air eft purifié & dépouillé de beaucoup de matieres fulphureufes. Il condamne la pluie qui tombe des nua-

* *Act. Leipf. an. 1690. pag. 86.* ¶ *Epidem. lib. 6. &c. de aquis.*

ges épais, sombres & noirs. Il recommande
en général l'usage de l'eau de pluie, après
avoir été bouillie, parce qu'elle est de toutes
les eaux la plus sujette à corruption. L'eau de
pluie, gardée quelque temps, lorsqu'il fait
chaud, montre qu'elle contient de petites
semences de differentes plantes, qui végetent
& la rendent muscillagineuse & la font fermenter. Dans le même temps elle paroît
chargée d'œufs de petits animulcules, qui
viennent à s'éclorre bientôt après, & y causent la putréfaction, ce qui prouve que la précaution de ce Vieillard divin est sage & juste.

§ 19. La neige, la grêle, la gelée ou la
glace font distinguées par la plûpart l'une de
l'autre, quoique je ne puisse pas dire par
quelle propriété, puisqu'elles ne font toutes
que de l'eau congelée en différentes manieres
& formes, & par le froid reduites à plus ou
moins de consistence ou forme seche & solide.

§ 20. La plus pure & la plus légere des
eaux est celle qui est la plus susceptible de
congelation : toute eau congelée, par quel
moyen que ce soit, est plus exempte par-là
de matiere étrangere de toute espece. On
peut cueillir la neige & la grêle fans être fenfiblement alterées par les corps fur lesquels
elles tombent; & la glace fondue dépose les
parties terrestres qui étoient auparavant ad-
hérentes à l'eau.

§ 21. La neige & la grêle, &c. ont la même origine que la pluie & la rosée, & tendent à la même fin, les vapeurs humides & les exhalaisons qui s'élevent de la terre, ne font que les parties de l'eau raréfiées & divifées au point qu'elles peuvent flotter & être fufpendues dans l'air, jufqu'à ce que, condenfées par un degré de froid, leur pefanteur furpaffe celle de l'air : par cette raifon, elles pefent néceffairement, & tombent en parties fi divifées, qu'elles font prefque imperceptibles, qu'on nomme rofée. Celles de ces vapeurs, &c. qui font élevées plus haut, & portées çà & là, felon le mouvement de l'air, jufqu'à ce que, condenfées par un certain degré de froid, elles reprenent leur forme, tombent en gouttes de pluie. Un plus grand degré de froid les change en confiftence plus feche, & puis elles tombent en forme de neige, grêle, &c. de forte que la gelée eft à l'égard de la neige ou la grêle, ce que la rofée eft à la pluie.

§ 22. Ces eaux font les différentes eaux météoriques connues : la terre leur doit fa fertilité ; car, non-feulement elles lui fourniffent l'humidité néceffaire à toutes fes productions, mais auffi elle en tire les fels & autres fubftances propres à la végétation. Nos fontaines & nos rivieres tirent leur origine de ces eaux : car, après qu'elles ont pourvu la furface de la terre de ce qu'elles contiennent, ou de ce qu'elles entraînent, elles s'enfoncent & forment dans fes entrailles différens canaux & aqueducs, jufqu'à ce que, trouvant une pente, elles fortent des bornes de leurs refervoirs en forme de fource, plus ou moins confidérable, à proportion de la quantité d'eau qui y eft contenue, & avec une vigueur proportionnée à l'élevation de l'amas qui fournit à leur courfe.

§ 23. Cependant nous ne devons pas fuppofer que chaque fource rende fon eau pure, comme elle l'a reçue des nuages : car, comme dans l'air elle a été mêlangée, elle l'eft auffi dans la terre, où elle fouffre plufieurs changemens, felon que les endroits par où elle paffe, contiennent plus ou moins de matieres diffolubles dans l'eau. Si cela n'étoit pas ainfi, chaque fource nous rendroit fon eau telle qu'elle l'auroit reçue des cieux, ce dont nous n'avons que fort peu d'exemples.

§ 24. Les Anciens regardoient l'eau de neige comme mal-faine ; & plufieurs Modernes attribuent à la boiffon de l'eau des neiges qui fe fondent dans les montagnes, le bronchocele, ou cette enflure furnaturelle des thyroïdiennes & autres glandes des environs de la gorge, dont une partie de la Suiffe, qui boit de ces eaux, eft attaquée ; mais ceci paroît abfurde : car, fi on examine l'eau de neige, on la trouve, au moins, auſſi pure qu'aucune autre. De plus, on voit cette maladie dans pluſieurs autres pays, où la neige ne contribue preſque pas à l'accroiſſement des eaux. A Rheims, par exemple, capitale de Champagne, à peine y trouve-t'on une perſonne âgée qui ſoit exempte de cette maladie, qui provient de ce que, il n'y a pas long-temps, ils buvoient encore d'une eau commune de leur puits, qui paſſe à travers d'une carriere de craie, dont elle eſt fortement chargée. J'ai fait la même obſervation ſur les abus des eaux de Spa, pour une raiſon que je dirai en ſon lieu. L'on peut de plus, juſtifier l'eau de neige de ſa prétendue mauvaiſe qualité par les eaux fameuſes de Pfeſſer en Suiſſe. Ces fontaines ſont périodiques; elles commencent à couler en Mai, & ceſſent en Septembre régulierement, étant pour lors à ſec, quelquefois un peu plutôt, & quelquefois un peu plus tard, & cela chaque année. Ces eaux ſont chaudes à leurs ſources, & ſont les plus pures & les plus légeres, les plus ſimples de celles qui nous ſoient connues : cependant il faut certainement qu'elles doivent leur origine à la neige, qui commence à fondre en Mai, & continue à couler juſqu'au commencement de Septembre, lorſque le froid revenant les congele & arrête leur cours, juſqu'au printemps enſuivant.

§ 25. Les eaux terreſtres ſont celles qui ſe rencontrent dans les entrailles, ou ſur la ſurface de la terre. On les regarde toujours comme plus épaiſſes, plus peſantes & moins pures que les eaux météoriques. On les diviſe en deux claſſes particulieres : la premiere comprend les eaux ſimples ou douces, ou plutôt inſipides ; la ſaconde, celles qui ſont plus compoſées, ou les eaux minérales ou médicinales. Nous traitons ici des premieres, renvoyant les autres à la ſeconde Partie de cet Ouvrage.

§ 26. Nous diviſerons les premieres, 1°. en eaux de ſource, 2°. en eaux de puits, 3°. de rivieres, 4°. de lacs, 5°. en eaux ſtagnantes.

§ 27. (1°.) Les eaux de ſource ou de fontaine tirent leur origine des météoriques condenſées ou recueillies dans les endroits les plus élevés du voiſinage de leur ſource. Ces eaux, par leur forme & leur gravité ſpécifique, pénetrent & ſe forment des canaux qui les conduiſent dans la terre, où elles ſejournent & reſtent dans des endroits ſur un niveau. Il eſt évident que ces eaux, ayant ſejourné quelque temps ſur la ſurface de la terre, entraînent aſſez ſouvent avec elles des corps étrangers, productions de ſa ſurface, comme l'on voit à Bath des écailles de noix & des noix entieres. De plus, la crue & le décroiſſement de la plûpart des fources fuperficielles , qui fuivent toujours la pluie & la féchereffe , nous montrent évidemment d'où elles tirent leur origine. J'ajouterai à cela qu'en Egypte, dans les déferts d'Ethiopie & d'Arabie , dans l'Ifle de Fer, une des Canaries , & dans d'autres pays, où on ne voit jamais ni pluie, ni neige, ni grêle, il n'y a ni fontaine, ni riviere, ni fource qui jailliffent, tandis qu'en Allemagne, en France , en Angleterre & en Irlande , ou chez les autres Nations où la neige & la pluie tombent, il fe trouve des fources vives , des rivieres & des lacs.

§ 28. L'eau de fource eft reconnue pour la plus pure après l'eau de pluie : cependant elle eft fujette à des variétés infinies, qui dépendent du fol par où elle paffe : elle eft plus ou moins fimple ou compofée, felon que les matieres qui font dans les entrailles de la terre, & qu'elle rencontre dans fon chemin, font plus ou moins diffolubles , ou que la fource eft plus ou moins éloignée de l'amas de fes eaux.

§ 29. La fource la meilleure eft celle qui reçoit fes eaux d'un rocher efcarpé, d'un fol pierreux ou de gravier, dont le courant eft rapide & vif, & dont les eaux font claires, & n'ont rien de fenfible au goût ni à l'odorat, qui s'échauffent très-promptement, & fe refroidiffent de même, dépofent très-peu de fédiment après l'ébullition , l'évaporation , ou en croupiſſant.

§ 30. Les Anciens, après Hypocrates, ont eu égard à l'aſpect des ſources ; ils conſidéroient leur ſituation & leur courſe vers l'Eſt , l'Oueſt , le Sud & le Nord. Ils préféroient celui qui coule vers l'Eſt , comme ſouffrant le moins de changement par la chaleur du ſoleil ; enſuite le ſecond , pour la même raiſon ; ils rejettoient le troiſieme , comme étant ſuſceptible d'être échauffé & dépouillé par la diſſipation de ſes parties ſubtiles ; ils condamnoient le quatrieme , comme eaux crues par le froid , & difficiles à digérer. Ces raiſons peuvent avoir eu de la force dans l'endroit où les Peres de la Médecine vivoient ; mais dans notre climat tempéré , où il eſt rare d'éprouver l'extrêmité du froid ou de la chaleur, elles ne peuvent être que de très peu de poids. Nous conſidererons principalement la nature du terrein qui environne la ſource, & la ſurface qui reçoit la pluie ou la neige , d'où elles tirent leur origine , de même que la nature des endroits par où les eaux coulent, comme auſſi la viteſſe & la lenteur de leur mouvement.

§ 31. Pour faire un choix raiſonné des eaux , nous diſtinguerons les ſources, non-ſeulement par leur ſituation & la nature du terrein , mais encore ſelon leur courſe, ſça-
voir,

voir, en sources periodiques & continuelles,
& en sources vives & lentes.

§ 32. Les sources passageres n'ont pas des
temps fixes, parce qu'elles dépendent de la
chute de la pluie ou de la neige dans toutes
les saisons. Celles qui sont périodiques ou
annuelles, tirent leur origine de la même
cause, & commencent à couler en Septembre ou Octobre, & continuent jusqu'au mois
d'Avril, ou au mois de Mai. On peut les appeller sources superficielles ; elles n'ont point
de reservoir ou de receptacle dans les entrailles de la terre, assez considerable pour fournir
des eaux en tout temps. Ces receptacles fournissent leurs eaux aussi-tôt qu'ils les recoivent
des nuées ou des collines, & la plûpart sans
être altérées. De ces especes de sources il
s'en trouve dans presque tous les pays : la
plus considérable que j'ai vu de la derniere
espece, se trouve dans les Comtés de Clare
& de Gallway, au royaume d'Irlande, où un
grand espace de quelques centaines d'arpens
des plus gras & des plus doux pâturages, se
trouve, chaque hiver, inondé par les eaux
qui poussent des sources en différens endroits
du terrein, claires, transparentes, & presque
aussi simples qu'elles tombent du ciel. Ces
eaux ne peuvent être que météoriques ; elles
tombent sur des montagnes remplies de rochers, dont les ouvertures, pour pénétrer

G

dans leurs entrailles, font auffi faciles que leur fortie. Ces montagnes font compofées de pierres, fans terre ni fable dans leurs interftices, & font tellement en pente, que les eaux ne fauroient féjourner long-temps dans leur paffage, mais fe précipitent dans la plaine faite pour les recevoir. Comme les pierres qu'elles lavent dans leur route, font des pierres à chaux, qui ne peuvent être affectées par l'eau fimple fans la calcination, ou du marbre folide, on ne doit pas s'étonner que ces fources paffageres ou annuelles fourniffent dans ces terreins & autres femblables, les eaux les plus pures. Mais le cas eft bien différent, lorfque les eaux, en paffant par l'air ou par la terre, font impregnées de quelque acide; car elles deviennent dures & pétrifiantes, parce que ces pierres font diffolubles par ces fels; cependant lorfque de pareilles fources ceffent de couler, elles changent d'abord de nature, & reffemblent à toutes les eaux ftagnantes, de forte que, plus une fource coule lentement, plus elle eft préfumée chargée, & s'approcher de la qualité de l'eau ftagnante, ce qui fait que l'on doit préférer la fource la plus vive.

§ 33. Les fources perpétuelles font celles dont les refervoirs font enfoncés dans le fein de la terre, où les eaux reftent inacceffibles à l'air, & d'où, par des paffages bien proportionnés à l'étendue de leur volume, elles coulent uniformement & conftamment, & font de la même conftitution dans les temps chaud, froid, fec & humide. L'opinion générale que ces fources font plus froides en été & plus chaudes en hiver, eft une erreur vulgaire ; il eft vrai qu'elles paroiffent ainfi au toucher, parce que la chaleur de l'homme, ainfi que de tout autre animal, eft à un plus haut degré en été qu'en hiver, de forte que les chofes que nous appellons froides, au toucher, lorfque nous avons chaud, nous les nommons chaudes ou moins froides, lorfque nous avons froid, ce qui a donné origine à cette erreur qui a fi long-temps prévalu.

§ 34. Les fources qu'on appelle périodiques, pour parler plus ftrictement, font celles qui coulent pendant un certain nombre déterminé, de jours, d'heures ou de minutes, & ceffent pour un temps connu. Les Voyageurs font mention de différentes de cette efpece. Il y en a une dans la Judée, qui coule fix jours, & fe repofe le feptieme, ce qui fait qu'on l'appelle Sabbat ou Dimanche. En Suéde & en Suiffe, il s'en trouve qui coulent & qui ceffent de couler une fois ou deux par jour, & d'autres plufieurs fois, par exemple, fix ou huit fois par heure. J'ai ouï parler de quelques-unes de cette efpece en Bretagne & en Irlande. Il y en a une à Gigglefwick,

dans la Province d'Yorkshire ; une autre, appellée Puits féculier près de Torbay, dans
le Duché de Devonshire ; mais je n'en ai vu
aucune. Il y a eu des conjectures extraordi-
res pour expliquer les caufes de ces fortes de
fources ; mais je fuis d'avis que quiconque a
vu une fois l'inftrument d'un Chymifte, pour
féparer les huiles effentielles d'avec les eaux
diftillées, ou un fiphon à tirer les liqueurs
d'un vaiffeau en un autre, ou fe reffouvient
de la maniere dont on a faigné la riviere, paffé
quelques années, à Hydeparke, en prati-
quant une tranchée dans un canal, faite en
forme de fiphon, qui évacuoit feulement les
eaux fuperflues, jufqu'au niveau de fa plus
courte branche, lorfqu'elles s'élevoient au-
deffus de fon pli ; quiconque, dis-je, con-
fidere ces opérations naturelles, trouvera
aifément comment des canaux femblables
peuvent fe former dans la terre ; comment
ils peuvent fe communiquer avec les baffins
ou fources d'eau, & les décharger à différentes périodes proportionnées à leur amas
& au diamétre du tube ou de l'ouverture.
Ceci, felon moi, nous donnera une folution
plus raifonnable de ce phénomene, que d'a-
voir recours à la diftillation d'un feu central
ou foûterrein, ou bien au flux & reflux de
la mer, dont beaucoup fe font fervi, pour
en donner une explication vaine.

§ 35. 2. L'eau de puits ou de pompe approche le plus de celle de source ou de fontaine.
Elles ont l'une & l'autre la même origine.
Elles ne different qu'en ceci : la derniere fort
naturellement, & coule sur la surface de la
terre; & l'on cherche la premiere dans les
endroits d'où la source, par les loix ordinaires de la nature, ne pouvoit pas sortir
d'elle-même; c'est pourquoi on est obligé de
creuser jusqu'à ce qu'on ait ouvert le reservoir de l'eau, pour pouvoir ensuite la tirer
avec une pompe ou autres machines conve-
nables. Ces eaux-ci ne different de celles de
fontaine que par accident; elles sont souvent
plus chargées & plus dures; enfin, parce
qu'on ne les tire pas assez souvent, elles prennent la nature des eaux stagnantes, sans quoi
elles seroient semblables aux eaux de fontaine.

§ 36. 3°. Les rivieres, & 4°. les lacs tirent leurs eaux des sources; mais divers
accidens les rendent différentes, comme,
par exemple, elles sont exposées plus long-
temps au soleil & à l'air, & reçoivent plusieurs égouts & ruisseaux de la surface de la
terre; d'ailleurs, dans la longueur de leur
cours, passant par plus de différens terroirs,
elles recueillent plusieurs corps putrides des
végétaux & des animaux; & servant d'habi-
tation à une grande partie des animaux créés,
tout concourt nécessairement à rendre ces

eaux plus compofées que celles des fources.

§ 37. Les rivieres qui proviennent des plus hautes montagnes, & dont le cours eft le plus rapide, femblables aux fources les plus vives, font généralement les eaux les plus pures. Ainfi le Rhin & le Rhône, qui defcendent des Alpes, où ils prennent leurs fources, tandis qu'ils confervent leur rapidité, font regardés les plus purs & les plus légers. La différence entre le Main & le Rhin eft fenfible à ceux qui navigent fur ces rivieres, qui trouvent que les barques & autres bateaux chargés qui paflent de la derniere à la premiere, s'enfoncent confiderablement plus dans l'une que dans l'autre. Les rivieres different les unes des autres auffi-bien que les fources ; ce n'eft pas feulement la rapidité de leur cours ou de leur fource qui rend leurs eaux pures & claires ; le terrein qu'elles lavent, doit auffi y contribuer : s'il eft graveleux ou pierreux, l'eau fera claire ; s'il eft argilleux ou gras, elle fera fale & bourbeufe. Nous voyons la Seine, en France, dont le cours n'eft pas regardé comme beaucoup moins précipité que celui du Rhin, être fale & trouble comme l'Avon au-deffous de Briftol & autres eaux troubles & ftagnantes. Notre Thamife, qui coule d'un mouvement plus doux fur un fond de pierre & de gravier, de flein ou de fable, conferve fa pureté &

tranſparence, juſqu'à ce qu'elle ſoit teinte par divers corps provenant des rues & égoûts de notre capitale, & d'un nombre preſqu'in-fini de vaiſſeaux & bateaux qui fréquentent ſon port. Les eaux de riviere, parce qu'elles ſont expoſées à l'air, contiennent tout ce que l'eau de pluie contient, & ainſi qu'elle, fermentent & ſe pourriſſent, deviennent ſa-les, & donnent une vapeur fétide, inflam-mable, qui, lorſqu'elle vient à s'échapper, laiſſe précipiter les parties terreſtres, & l'eau redevient pure & douce.

§ 38. Les lacs ne ſont, pour la plûpart, que des extenſions des rivieres ; c'eſt pour-quoi ils tiennent généralement de leurs qua-lité & nature. On en voit qui ne reçoivent ni ne forment aucune riviere : ceux-ci doivent être regardés comme des eſpeces de ſources ſtagnantes & lentes. Il eſt très-probable qu'ils ont leurs décharges auſſi-bien que leurs ſour-ces, ſous leur ſurface, par conſéquent invi-ſibles. L'on obſerve que quelques-uns de ceux-ci, auſſi-bien que les plus grands des environs de la Suiſſe & des Alpes, ont une eſpece de flux & reflux comme la mer, mais en différentes périodes, & par des cauſes très-différentes, l'un dépendant de la préſence & abſence du ſoleil, & l'autre des ſituations & changemens de la lune. Les lacs, auſſi-bien que les ſources qui doivent leur origine à la

neige, s'accroiſſent à meſure que la neige ſe
fond par la chaleur du ſoleil ; & depuis ſon
coucher juſqu'à ſon lever, décroiſſent ſenſi-
blement, ce qui eſt obſervé à l'égard du lac
de Genêve & autres.

§ 39. (5) Après les eaux des lacs, nous
parlerons de celles des viviers & des étangs,
&c. Elles varient ſelon l'air, la ſaiſon & le
terroir où elles ſe trouvent, comme auſſi ſelon les ſources qui les fourniſſent. Elles ſont
en tout temps ſujettes à être ſouillées d'une
variété infinie de matieres étrangeres & ſales ;
& en été, d'un grand nombre de petites plantes capillaires, & d'une quantité prodigieuſe
d'animaux vivans, d'où il s'enſuit qu'elles
ſont toujours ſales, peſantes, bourbeuſes &
dégoutantes, &, dans. les temps les plus
chauds, puantes & putrides ; elles ſont conſéquemment, de toutes les eaux, les moins
propres, & les moins ſaines pour l'uſage des
hommes & des bêtes. Les ſeules exhalaiſons
de ces eaux infectent l'air ; d'où il s'enſuit,
que tous les pays abondans en eaux ſtagnantes, doivent être les plus malſains, comme
les marais d'Eſſex, Lincolnshire, & ceux de
la campagne de Rome, & ſemblables.

De la nature & de la propriété de l'Eau ſimple.

§ 40. L'Eau étant indiſpenſablement néceſſaire dans une infinité de beſoins

de

de la vie, & pour l'exécution de bien des
deffeins, elle devient un objet des plus inté-
reffans, & qui mérite l'attention des hommes
de tout étage, depuis le Philofophe & le Médecin, jufqu'au Payfan & le bas peuple.

§ 41. Comme elle eft effentiellement néceffaire à la production & la confervation de
tous les êtres créés, la raifon & la religion
demandent que nous approuvions l'Ecriture,
qui nous informe que l'eau fut de tous les élémens le premier formé, ce qui prouve qu'elle
fut deftinée par la Sageffe infinie, à être la
matiere principale de fon ouvrage, ainfi
qu'elle fera trouvée par l'examen de l'eau.

§ 42. Bien des perfonnes ont travaillé, &
fe font donné des peines à l'infini pour acquérir quelque connoiffance des parties qui
conftituent l'effence de l'eau ; mais ils ont travaillé avec fi peu de fuccès, que la plûpart,
jufques-ici, n'ont acquis qu'une connoiffance
de quelques propriétés & effets, d'où j'ai tiré
la définition que j'ai donnée ci-devant.

§ 43. L'eau a paffé chez bien des Anciens,
pour le principe matériel de tous les corps,
d'où il arrive que quelques-uns lui ont donné
cette pompeufe dénomination de *Omnifemi-
naria*, ou la pépiniere univerfelle de toutes
chofes. Plufieurs Modernes ont embraffé la
même opinion *, tandis que d'autres foutien-

* *Bohn. in differt. Chym. Phyf. & Mert. in Chym. Med. Phyf.*

H

nent que le cahos dont il est fait mention dans l'Histoire sacrée & prophane, étoit une masse d'eau visqueuse ou muqueuse que, par l'ordre de l'Auteur de la nature, pour me servir du terme de l'Ecriture sainte, l'Esprit de Dieu éleva & sépara ainsi les eaux d'avec les eaux, ce qui signifie qu'il partagea cette masse informe en trois especes de fluides, ou qu'il la reduisit en trois différentes consistances ou formes, la premiere & la plus subtile desquelles est l'air ; la seconde, tenant le deuxieme rang, moins subtile & mitoyenne, est ce que nous connoissons & appellons communément l'eau ; la troisieme ou la plus grossiere & la plus pesante, est la terre, dont il se trouve de trois différentes especes*. Cet énoncé, qui, au premier coup d'œil, paroît en quelque façon extravagant, paroîtra plus raisonnable si nous examinons la nature de l'eau avec plus d'attention. Cet examen manifestera avec évidence la liaison étroite & l'union intime & inséparable de ces trois élémens, puisqu'il est bien difficile de trouver de l'air sans eau, & qu'il est très-bien connu que l'eau se convertit, ou pour mieux dire, se mêle avec l'air ; que, de plus, on ne trouve nulle part de l'eau sans air & sans terre.

§ 44. D'autres, au lieu de regarder la terre comme une espece d'eau, ont consideré l'eau

* *D. Helbig. in introitu in Phys. veram & inaudit.*

comme une forte de terre de forme liquide ou fluide. Après bien des difputes fur ce chapitre, il s'émut une queftion : comment & en quoi l'eau différoit effentiellement de la terre, ou fi l'eau ne pouvoit pas fe convertir en terre ou la terre en eau.

§ 45. Les Peripatheticiens ont foutenu, d'un ton décifif, le fentiment oppofé, regardant la terre & l'eau comme des êtres effentiellement différens, c'eft-à-dire, comme deux de leurs quatre élémens, qui entrent dans la compofition des corps naturels, le feu, l'air, l'eau & la terre. Paracelfe, patron des Empiriques, des coureurs & vendeurs de paquets, foutint implicitement leur fentiment ; mais fon affertion obfcure ne peut leur être que d'un très-petit poids, puifqu'il n'offre ni raifonnement ni expérience, pour la foutenir ; au lieu que Van-Helmont & Becker leur oppofoient des argumens fpécieux pour foutenir l'affirmatif, c'eft-à-dire, que l'eau n'eft autre chofe qu'une terre liquide.

§ 46. La preuve qu'ils donnent de leur opinion eft fondée fur les raifons fuivantes.

§ 47. Pour mettre ces argumens dans le plus grand jour, il convient de faire remarquer auparavant, que certains Philofophes ont fait confifter l'effence de l'eau dans la figure de fes parties, qu'ils ont fuppofé globuleufes & très-petites ; & que d'autres l'ont

H ij

placée dans une conformation serpentine de s
ses principes, bien belle & polie, d'où ils ont 1
inferé que l'eau tiroit son humidité, sa flui-
dité & sa volatilité, de même que sa disposi-
tion à s'évaporer & s'unir avec l'air.

§ 48. Cependant une recherche fondée sur un raisonnement plus clair & plus solide, nous montre que, quoique les particules de l'eau puissent approcher de la forme globuleuse ou serpentine, son humidité, sa fluidité, & sa volatilité, &c. se trouvent dépendre d'autres causes très-différentes, sçavoir de leur extrême ténuité, & d'une chaleur étrangere & accidentelle, & non de la seule configuration imaginaire. Le différent degré de chaleur ou du froid des eaux, se doit à quelques accidens extérieurs, par exemple, la chaleur qui monte jusqu'au 33 degré du thermomêtre de Fahrenheit & au-dessus, rend toujours l'eau fluide, tandis que, lorsqu'elle se trouve au 32 degré & au-dessous, l'eau est toujours solide : ainsi l'eau conserve ses principales propriétés rapportées dans notre définition, par cette chaleur qui lui est externe & accidentelle, puisque par sa seule privation, qui est le froid, toutes ces propriétés sont absolument anéanties ; & cette substance humide, fluide & volatile, devient dure, solide, seche, en apparence corps terrestre ; &, au contraire, elle reprend son humidité, fluidité,

& autres propriétés, quand elle recupere la chaleur.

§ 49. Ce raisonnement prouve assez clairement qu'il n'y a pas d'évidence touchant la forme des parties essentielles qui composent l'eau, non plus que de celles qui composent divers autres corps. Nous pouvons démontrer les principes communs & chymiques de quelques corps par leurs effets sur certains autres mixtes & corps composés ; mais il nous faudroit avoir des sens plus fins qu'ils ne sont accordés aux mortels, pour observer la forme spécifique ou essentielle des élémens physiques de la matiere, ce qui est cause que l'on ne doit pas être surpris de ce que, jusqu'à présent, il n'a pas été possible d'établir la proportion que ces parties ont à l'égard des autres, ou la relation qu'il y a par la configuration ou conformation entre elles & les parties des corps mucillagineux, gelatineux, gommeux & autres semblables, que l'on trouve mêlés & cohérens avec ce fluide, pour mieux m'expliquer, quelle est la propriété qui rend l'eau le propre dissolvant de ces corps.

§ 50. La fluidité & la solidité de l'eau dépendant également des accidens externes, deviennent un des argumens pour soutenir l'opinion de Van-Helmont & de Becker, qui tiennent pour probable que, si par quelques moyens, les particules plus pefantes que l'eau, qui ont caufé fa folidité ou fa congélation, pouvoient y être retenues, elle garderoit fa forme folide & terreftre, qu'elles lui avoient donnée.

§ 51. 2. Ces opinions femblent favorifées par quelques expériences citées de Glauber & d'autres, par lefquelles il paroît qu'en ajoutant à l'eau une certaine quantité de divers corps fecs, elle peut être reduite en forme confiftente & folide.

§ 52. C'eft pourquoi nous voyons des terres de plufieurs efpeces, lefquelles, fans humidité, ne forment qu'une pouffiere mouvante, légere & fans union, mais qui, par l'addition de l'eau, deviennent confiftentes & vifqueufes ; & lorfqu'elles font cuites par une chaleur convenable, elles font rendues auffi folides & auffi dures qu'une pierre. Telles font les briques, les tuiles, & toute forte de vaiffelle de terre.

§ 53. C'eft ainfi que la chaux, le fable, le platre de Paris calciné avec une certaine quantité d'eau, deviennent durs comme des pierres.

§ 54. L'on peut dire la même chofe du fel de Glauber, en quelque façon ; car, ainfi que les autres fels criftallifés, il doit à l'eau fa forme tranfparente & criftalline, de même que la plûpart de fon poids, l'eau étant exhalée, en expofant ce fel à un air plus chaud, il perd fa tranfparence, & devient une poudre blanche. Mais fi l'on ajoute à cette poudre une certaine quantité d'eau, elle prend une folidité de glace.

§ 55. 3. Ils ajoutent à ces expériences l'union intime, ou étroite connexion de l'eau avec plufieurs corps folides, comme, par exemple, le fel neutre compofé d'un fel alcali fixe & de l'acide vitriolique, appellé tartre vitriolé, parce qu'il eft fait de fel de tartre & d'huile de vitriol : ce fel étant feché, peut endurer la force d'une chaleur ordinaire de fufion, fans fondre ou s'évaporer. Cependant, lorfqu'il eft diffous dans l'eau, & évaporé par une chaleur égale à celle de l'eau bouillante, il perd confidérablement de fon poids. On obferve que plufieurs autres fels femblables fouffrent une grande perte par le même moyen ; c'eft pourquoi les Chymiftes les plus judicieux fe fervent du feu le plus lent dans leurs opérations, foit pour les criftallifations, ou pour fecher leurs fels.

§ 56. 4. La perte que l'eau de chaux fouffre dans l'évaporation, n'eft pas, felon ces Auteurs & bien d'autres *, fort différente de celle dont nous venons de parler. La pierre à chaux, les marbres & les coquillages font fi fort altérés par la calcination, qu'une bonne

* *Hoffman. Obfer. Phyf. Chem. lib. ii. Obf.* 10.

partie en devient diffoluble dans l'eau commune. L'eau de chaux fe prépare en faifant
infufer dans l'eau, de la chaux qui n'eft pas
éteinte : un fel femblable à une pellicule,
couvre conftamment la furface de cette eau.
Sa précipitation par fa gravité ou par plufieurs
fels & diffolutions métalliques, comme auffi
fa qualité diffolvant le fouffre, &c. prouvent
qu'elle eft fortement impregnée de pierre
à chaux, reduite, par la calcination, en une
terre âcre, alcaline & pure. Cependant ces
particules pierreufes, ou plutôt terreufes,
capables auparavant de réfifter au feu le plus
fort, ainfi diffoutes dans l'eau, y font fi ad-
hérentes, felon ces mêmes Auteurs, qu'elles
s'échappent avec elle entiérement dans l'é-
vaporation. Mais des expériences plus exactes démontrent la fauffeté de cet avancé :
quoique la chaux, ainfi préparée, foit diffoluble par l'eau, elle ne peut cependant pas
s'en charger, de même que de fel, au-deffus
d'une certaine portion, qui eft très-petite ;
c'eft pourquoi, après l'évaporation, le refidu
eft d'une très-petite quantité ; & il paroît
qu'il n'y a pas lieu de douter que tout ce que
l'eau contient, ne refte après l'évaporation.

§ 57. Quoi qu'il en foit, ces notions paroiffent recevoir une confirmation ultérieure
par les expériences de Borrichius, favant Da-
nois, de Van-Helmont, le plus jeune, & de
notre

notre Boyle, avec plufieurs autres, qui affirment que la terre a pu être, & a été féparée de l'eau par la diftillation réitérée cent, même deux cens fois : cette belle terre, femblable au fable, qui fubfifte après la diftillation, eft regardée par Van-Helmont pour le premier principe de l'eau ; mais cette opinion demande une plus fcrupuleufe & ultérieure recherche. Nous allons à préfent entrer en preuve de notre définition, & cette matiere reparoîtra de nouveau fur le tapis. Nous obferverons feulement en paffant, que, depuis que l'eau eft reconnue avoir une telle affinité avec la terre, qu'il n'y a pas d'endroit dans la nature où elle ne fe trouve en contact avec une grande variété de corps terreftres, falins & fulphureux, il n'eft pas étonnant que la nature & l'art n'en fourniffent jamais de parfaitement pure.

§ 58. L'humidité & la fluidité, ou l'humido-fluidité de l'eau, font fes premiers fignes caractériftiques. Par l'humidité, nous entendons cette propriété de l'eau par laquelle elle s'attache & humecte les corps qu'elle touche ; c'eft par elle qu'elle mouille les pierres, les terres, les verres, les métaux & les bois ; elle tire cette propriété de la ténuité de fes parties, par laquelle elles fe féparent aifément, fe divifent & s'attachent aux corps qui les touchent, & qui ont quelque attrac-

I

tion avec elles ; tels font ceux dont nous
avons parlé ci-deffus : l'eau eft repouffée par
plufieurs autres, favoir, toutes les graiffes,
les matieres huileufes & réfineufes. Par fa
qualité humectante, l'eau commune eft diftinguée de celle des Philofophes, de l'eau feche & de l'humeur radicale, ou humidité
des métaux, que les Chimiftes ont regardé
pour mercure ou vif-argent ; car elle n'attire,
n'humecte, & ne s'attache à aucun corps,
excepté à certains métaux avec lefquels elle
a la même affinité, & fait, à leur égard, le
même office que l'eau fait avec les végétaux
& les animaux.

§ 59. La fluidité eft une qualité inféparable
de l'humidité, ce qui fait qu'on pourroit les
rendre proprement par ce terme : humido-
fluidité. La fluidité eft une propriété que
l'eau a de commun avec toutes les autres
liqueurs, ainfi qu'elle eft diftinguée du mercure par l'humidité. La fluidité de l'eau dépend de deux caufes : la premiere eft la fubtilité ou ténuité extrême de fes parties élémentaires ; la feconde eft un certain degré
de chaleur ou feu actuel, fans lequel une eau
conforme à notre définition, c'eft-à-dire,
liquide, ne fe trouve jamais.

§ 60. Il eft auffi impoffible à l'homme de
mefurer ou de concevoir la forme ou la figure
d'une partie élémentaire de l'eau, que de

mefurer & comprendre celles des autres corps. L'expérience & l'obfervation nous montrent qu'elles font d'une petiteffe inconcevable, & qu'elles ont, de toutes les formes, la plus propre pour paffer à travers des pores & des tubes les plus étroits qu'on puiffe imaginer. Tous les animaux, ainfi que les végétaux, recoivent leur nourriture & leur accroiffement par des pores infiniment petits; nous voyons journellement quantité de plantes mifes dans l'eau, recevoir leur nourriture fans racine pour un temps; puis après, jettant des racines dans l'eau, y croître & y fleurir : nous en voyons d'autres, vivre & croître fans qu'elles reçoivent aucune humidité apparente de leurs racines. Ceci eft prouvé, non-feulement par l'obfervation de diverfes petites plantes, des lierres & de plufieurs arbriffaux & arbres qui fleuriffent fur des rochers arides & des vieilles murailles, &c. mais encore il eft démontré plus évidemment, par d'autres plantes d'une efpece très-fucculente, du genre des aloëtiques & ficoïdes, puifqu'il y en a qui augmentent en volume & en poids, fans avoir du tout de racine, ce qui n'arriveroit pas fi l'eau n'avoit un libre accès à travers des pores invifibles de ces végétaux, que les parties de l'air élaftique ne peuvent pas pénétrer. La conformation des parties doit certainement y contri-

buer auſſi ; il eſt reconnu qu'un corps ſphéri-
que peut paſſer par où un cube ou autres figures, quoique d'égales dimenſions, ne ſeroient
pas admis. Mais il n'y a pas de figure qui
puiſſe rendre les petites parties propres à paſſer à travers d'un tube ou pore de plus petite dimenſion. C'eſt pourquoi ces particules
qui peuvent paſſer à travers des perforations,
qui, par leur extrême petiteſſe, échappent à
nos ſens, comme par les pores abſorbans des
végétaux & des animaux, doivent, de toute
néceſſité, être extrêmement petites ; telles
ſont les particules de l'eau.

§ 61. De l'extrême ténuité des parties de
l'eau, on conçoit aiſément comment elle devient fluide ; elle eſt conſervée dans cet état
par tout ce qui diviſe, rompt la cohéſion,
& tient en mouvement ſes parties infiniment
petites. C'eſt ce qu'opere le feu ; de ſorte qu'il
n'y a point d'eau dans l'état de fluidité, ſans
feu ; & le degré de feu néceſſaire pour conſerver l'eau fluide, eſt déterminé par le thermomêtre. Une eau conſervée dans quelque
endroit, & pendant quelque temps, où le
mercure baiſſe au-deſſous du 33$^{me.}$ degré du
thermomêtre de Fahrenheit, perdra ſa fluidité, & deviendra ſolide, c'eſt-à-dire, glace.
Au contraire, lorſque le mercure monte dans
cet inſtrument au 33$^{me.}$ degré & plus haut,
nous trouvons, autant que nos ſens & nos

expériences peuvent nous le faire connoître,
que l'eau est dans sa plus grande fluidité ; car,
quoiqu'un plus haut degré de chaleur raréfie
& étende l'eau, c'est-à-dire, que la même
quantité d'eau occupe un plus grand espace,
& qu'elle paroisse relativement plus légere,
à mesure qu'elle est échauffée par la chaleur
montant depuis le 33me. degré jusqu'au deux-
cent-douzieme ou treizieme, auquel elle
bout, cependant nous n'avons pas encore
découvert le moyen de mesurer les différens
degrés de sa fluidité. La pendule étoit la méthode dont se servoit Mr. Isaac Newton,
pour comparer la fluidité de l'eau chaude
avec celle de l'eau froide, & par où il trouva
que les vibrations en étoient égales ; mais cette
expérience est insuffisante, puisqu'il n'y a pas
de pendule qui ne se raréfie par la chaleur, &
ne se contracte par le froid : ainsi, faute de
machine propre, cette question doit demeu-
rer encore indéterminée. La meilleure preuve
que l'on puisse donner à présent, pour montrer que la fluidité de l'eau froide & de l'eau
chaude, est à peu près la même, se tire de
la reflexion suivante, savoir, que tout vaisseau
qui peut contenir l'eau froide, peut aussi
contenir l'eau chaude. Ceci paroît dans les
pots, chaudrons, vaisseaux à distiller, &
dans la machine papiniene & l'aeolipile, &c.
car, puisqu'elle ne peut pas passer à travers

des pores de ces vaisseaux lorsqu'elle est froide, & qu'elle n'y passe pas non plus quand elle est chaude, c'est une preuve qu'elle ne paroît pas plus fluide.

§ 62. L'extrême ténuité des parties de l'eau, la rend fluide & propre à être dissipée en vapeurs invisibles. Plus ses parties sont petites, plus elles sont faciles à se mettre en mouvement, & plus aisément elles conservent dans leur course leur fluidité, & s'éloignent l'une de l'autre : ainsi l'eau, par le même degré de chaleur suffisant pour conserver sa fluidité, est divisée & dissipée en exhalaison, puisque, tandis qu'elle est fluide, elle est en mouvement, & que par-là quelques parties sont évaporées & exhalées. C'est pourquoi nous voyons des cloaques, des rivieres, & des lacs, ainsi que des étangs, visiblement diminués dans un temps très froid, de même que dans un temps chaud, sans cependant que les vapeurs soient visibles, ce qui prouve la grande mobilité & divisibilité de l'eau, qui est d'autant plus pure, que ses parties ont moins de cohésion, se mettent plus facilement en mouvement, & se dissipent. Ceci est ultérieurement prouvé par la distillation de l'eau, puisque la plus pure s'échauffe plus promptement, & par conséquent, distille la plus vîte. De plus, les parties de l'eau ne ressemblent pas à celles des liqueurs huileuses,

fpiritueufes ou falines, lefquelles, ayant plus
de cohéfion, montent en vapeurs par l'action
du feu, & frapent la partie interne de l'alam-
bic ou retorte, puis, condenfées par le froid
de l'air, fe diftinguent & diftillent en petites
veines, qui coulent ainfi dans le recipient.
L'eau, au contraire, dans l'état naturel &
pur, n'étant aucunement alterée par la fermentation & putrefaction, s'éleve par l'action du feu en vapeur qui fe condenfe en touchant la face interne du vaiffeau, en forme
d'humidité de rofée; &, à mefure que les
gouttes augmentent en volume & en poids,
elles diftillent ainfi dans le recipient : d'où il
s'enfuit que, parce que l'eau fraîche fe met
plus aifément en mouvement, que l'eau falée,
il doit y avoir une plus grande exhalaifon des
eaux de rivieres qui tirent leur origine des
fources, des lacs, &c. que de celles qui fe
mêlent avec les eaux de la mer. Ce calcul a
été fait exactement par le Docteur Hales,
Philofophe favant & ingénieux *.

§ 63. Les autres fignes caractériftiques que
nous avons donnés de l'eau, dans notre définition, favoir, qu'elle eft tranfparente, fans
couleur, fans odeur, & infipide, font fi fenfibles aux fens, qu'ils n'ont pas befoin d'autre
raifonnement pour les prouver. Il eft vrai
qu'il fe trouve differens corps étrangers dans

* Voyez les Tranf. Philof. N°. 189. pag. 366.

les eaux, qui les obſcurciſſent, leur donnent
de la couleur, de l'odeur & du goût ; mais
comme ils ne ſont pas eſſentiels à l'eau, on les
conſidere comme étrangers & accidentels : de
ſorte que plus une eau approche de notre définition, plus elle eſt cenſée pure & moins
compoſée. Au contraire, plus elle s'en éloigne, plus elle eſt compoſée.

§ 64. L'eau eſt plus légere que les terres
proprement dites. Les terres ne ſont pas diſſolubles dans l'eau ſimple, puiſque, par la
trituration & le broiement, reduites ainſi
en une extrême ténuité, elles ne reſtent pas
long-temps ſuſpendues dans l'eau ; au contraire, par leur gravité ſuperieure, elles ſe
dépoſent, à moins qu'elles n'aient été diſſoutes auparavant dans quelque diſſolvant qui
leur eſt propre ; en tel cas, leurs parties, par
cette premiere diſſolution, ſont ſi diviſées,
qu'elles ſont, pour ainſi dire, reduites en un
état fluide & propre à être mêlées & ſuſpendues dans l'eau.

§ 65. L'eau dans laquelle il ſe trouve quelque partie terreſtre, paroît trouble & ſale ;
mais elle s'éclaircit & s'épure en dépoſant ces
corps étrangers, lorſqu'elle croupit. Une telle
eau peut être douce & pure. Mais une eau
dans laquelle, par un moyen quelconque, il
ſe trouve diſſous des parties terreſtres, eſt
toujours dure & plus peſante que l'eau pure,

à

à proportion de la quantité de cette matiere étrangere qu'elle contient, d'où il refulte que la plus nette & la plus légere, eft la plus pure & la plus fimple, & la meilleure pour l'ufage ordinaire.

§ 66. De même que la terre eft plus pefante que l'eau, ainfi l'eau eft plus pefante que l'air. Cependant l'eau reduite en vapeur, s'éleve & flotte dans l'air, jufqu'à ce que, condenfée, elle pefe & retombe dans fa forme originale. C'eft ainfi que la rofée & la pluie font produites, de même que la diftillation. Car fi le milieu, par où la vapeur ainfi condenfée paffe, eft affez froid, c'eft-à-dire, au $32^{me.}$ degré du thermomêtre de Fahrenheit, ou au-deffous, elle tombe en forme folide, comme neige, grêle ou glace.

§. 67. L'eau n'eft pas feulement plus pefante que l'air, mais encore plus pefante que diverfes liqueurs artificielles, comme la plûpart des huiles, non-feulement celles tirées des végétaux aromatiques, qui font, pour la plûpart, très-légeres & fubtiles, mais encore celles que l'on tire par ébullition & par expreffion de diverfes parties des végétaux & des animaux, lefquelles font cependant épaiffes, mucillagineufes & vifqueufes, d'où il refulte que ces fortes de corps ne s'uniffent jamais avec l'eau; & lorfqu'ils y font mêlés par agitation, ils fe féparent promptement par la

K

difparité des parties qui entrent dans leur compofition. De-là vient que le femblable attire le femblable, & que le diffemblable repouffe celui qui ne lui reffemble pas ; car les parties de l'huile féparées par l'eau, s'attirent d'abord en repouffant & rejettant les parties de l'eau, qui ont, dans le même temps, une attraction à l'égard l'une de l'autre, & une repulfion à l'égard de celles de l'huile, qui s'u-niffent en globules, s'élevent & flottent fur l'eau. Il y a cependant une exception dans cette regle générale, puifque non-feulement les huiles empireumatiques de gayac & de buis, &. mais auffi les huiles effentielles de canelle, de cloux de girofle, de faffafras, &c. font plus pefantes que l'eau. De-là il eft évident qu'aucun des corps huileux ou fulphureux, n'eft pas plus diffoluble dans l'eau pure, que la graiffe des animaux, les réfines des végétaux, les bitumes ou les huiles foffiles, & les bau-mes qu'on trouve dans différens pays, dans les entrailles de la terre, auxquels il faut auffi ajouter le fouffre commun ; car aucun de ces corps ne fe trouve jamais diffous dans l'eau, foit par art ou par la nature, à moins que, par l'entremife de quelque fel propre à les diffoudre, ou de quelque fubftance vifqueufe propre à les entortiller, ils ne s'y mêlent, comme il fera plus amplement expliqué en traitant des différentes eaux minérales.

§ 68. Puisque l'eau est plus pesante que la plûpart des huiles essentielles, il ne doit pas paroître étrange qu'elle soit aussi plus pesante que les esprits ardens, qui ne sont autre chose que des huiles atténuées & subtilisées par la fermentation, & unies avec une certaine portion d'eau, qui en est inséparable, & qui est cause que les plus rectifiés tendent toujours à s'unir avec elle, tandis que les huiles la repoussent, parce qu'elles sont privées de cette portion. Quoique l'esprit rectifié & l'eau soient prêts à se mêler & à s'unir intimement, cependant, si l'eau est introduite au-dessous de l'esprit par un tuyau, ou que l'esprit soit versé par gradation sur la surface de l'eau, ils garderont chacun leur place respective, à moins qu'on ne les mêle par agitation, alors ils ne peuvent se séparer que par l'action du feu, qui, dans la distillation, pousse le plus léger, qui est l'esprit, ou par l'interposition de quelque corps qui a plus d'affinité ou d'attraction avec l'un ou l'autre des deux. Ainsi, si l'on y mêle autant de sel alcali fixe qu'il en faut, le sel & l'eau, qui ont entr'eux une très-forte attraction, prendront le fond, & laisseront l'esprit en liberté. De même, si on expose la mixtion de l'esprit avec l'eau à un froid de gelée, ou au 32me degré du thermomêtre, l'eau sera privée de sa liquidité, se gelera, & l'esprit, restant fluide, en sera séparé.

§ 69. Nous allons confiderer à préfent, l'incompreffibilité de l'eau : nous n'avons pas plus de certitude pour démontrer la confif-tence de l'eau, que pour la démonftration de la forme & du volume des parties qui la conf-tituent : à voir leur immutabilité, il eft à con-jecturer qu'elles font extrêmement dures, & par conféquent inaltérables de leur nature; car l'eau raréfiée & réduite par le feu en va-peur auffi fubtile & élaftique que l'air, peut être condenfée & réduite de nouveau en eau, avec les propriétés & fignes caractériftiques qu'elle poffédoit avant ce changement : de même, l'eau condenfée par le froid, & deve-nue folide, récupere fa fluidité, humidité, gravité & les autres qualités qu'elle poffédoit auparavant, en fondant la glace, ce qui n'arri-veroit pas, fi la nature ou la forme effentielle de fes parties avoit été altérée. De la dureté extrême de fes parties, il eft à préfumer qu'elle tire fon incompreffibilité, ce qui paroitroit plus évident par bien des expériences, fi l'on trouvoit de l'eau exempte de ce fluide élafti-que & compreffible, que nous appellons air. Mais, comme il eft impoffible, puifque, quelle que foit la conftruction de l'eau, elle doit avoir, ainfi que les autres corps, des po-res, ces pores doivent être remplis de parties de ce fluide fubtile, pénétrant & élaftique, qui les environne & les preffe en tout fens.

L’eau peut pour un temps fe trouver fans air,
en l’échauffant par un certain degré de feu, ou
en ôtant, par le moyen d’une machine pneumatique, le poids de l’atmofphere ; mais à mefure que la chaleur diminue, & que l’atmofphere récupere fon poids, l’air qui l’environne
s’impregnera & s’incorporera en certaine portion avec l’eau : d’où il refulte qu’il eft difficile
de trouver de l’eau, dans l’état naturel, fluide
& affez dépouillée d’air pour faire des expériences à prouver, avec exactitude, fon incompreffibilité : de-là vient qu’il eft aifé d’expliquer la variété des relations touchant les
mêmes expériences, que des Auteurs, à tout
égard d’un égal merite & réputation, ont
faites. Les Philofophes italiens celebres * ont
effayé de condenfer ou comprimer l’eau par
différens moyens, 1°. par la compreffion de
la vapeur élaftique de l’eau, qu’ils augmenterent au point qu’elle caffa non-feulement les
vaiffeaux de verre, mais auffi qu’elle paffa à
travers la foudure d’un de cuivre, même fans
faire impreffion fur la furface de l’eau qui
étoit dans un tube, fur laquelle toute la force
agiffoit. 2°. La même expérience a été faite
avec le vif argent, avec un pareil fuccès, & la
colomne d’eau fut trouvée n’avoir pas cédé
la largeur d’un cheveu à tout le poids poffible
du mercure dont la capacité du verre qui le

---

* *Accadem. delciment.* derniere édit. par Van-Muffchenbrock.

contenoit pouvoit aller à quatre-vingt livres.

3°. La troifieme expérience fe fit par un globe d'argent dont les parois étoient minces : on emplit d'eau cette machine, & on la refroidit avec de la glace & de la neige, puis on la boucha avec un écroue ; ce globe ainfi rempli fut frapé doucement de tout côté avec un marteau & fe brifa à chaque coup ; maisl'eau, au lieu de foufrir la compreffion, paffa à travers des pores du métal, comme le vif-argent paffe à travers des pores du cuir, lorfqu'il eft comprimé : ce qui prouve fa réfiftance extraordinaire & l'extrême tenuité de fes parties.

§ 70. Duhamel, Philofophe ingénieux & exact, confirme ulterieurement la troifieme expérience ; il remplit à cet effet, une fphere d'or avec de l'eau, qu'il comprima enfuite par-tout également ; dans cet inftant l'eau, au lieu de fe prêter à la compreffion, paffa à travers des pores du plus folide des metaux : ce qui prouve en même temps, fon extrême fubtilité & penetrabilité, comme fon incompreffibilité qui provient, à ne pas douter, de l'extrême dureté de fes parties.

§ 71. Ces expériences reçoivent un nouveau poids & plus d'évidence par celles que le fameux Traducteur & Commentateur [*] de l'académie de Florence mit au jour, pour s'oppofer à celles de quelques Philofophes,

* M. Van Muffchenbrock.

qui fembloient démontrer que l'eau eft en quelque façon compreffible. Ce Philofophe, digne de foi, remplit d'eau deux fpheres, l'une de plomb, & l'autre d'étain, de trois pouces de diamétre chacune, & épaiffe d'un dixieme : cette eau avoit été dépouillée d'air par la machine pneumatique, dans un temps froid : on en avoit tiré, par la même machine, l'air contenu dans la capacité des deux fpheres avant de les remplir, pour s'affurer qu'elles ne contenoient que de l'eau ; puis, ayant bouché le tube par où elles avoient été remplies, avec un bouchon de plomb de la longueur d'environ un demi-pouce, qu'il fit fouder, il les plaça chacune fous la preffe, où il fallut employer la force d'un grand & long levier, avant qu'elle reçût aucune impreffion ; & auffi-tôt que la figure le la fphere changea, fa furface fut couverte d'une tranfpiration d'eau en forme de rofée épaiffe, qui augmentoit à raifon de la compreffion. Ces expériences ont été démontrées très-fréquemment dans fes cours publics des Univerfités d'Utreck & de Leyde.

§ 72. Mr. King, dans fon cours d'expériences de Philofophie naturelle, montre une fphere de cuivre, dans l'orifice de laquelle on a fait un fort écroue, auquel eft adapté un bouchon à vis, avec une poignée pour le boucher. Cette fphere étant remplie d'eau froide, & l'écroue bien graiffé, on le tourne avec la main ; mais auffi-tôt qu'il commence à comprimer, le fluide s'échape, comme ci-devant, à travers des pores du métal.

§ 73. L'on peut, à jufte titre, conclure delà avec M. V. Muffchenbrock, que Milord Verulam, M. Fabry, Colbert, Magiott, Boyle & autres fe tromperent, lorfqu'ils prononcerent que l'eau étoit compreffible, parce qu'elle couloit avec rapidité par l'ouverture d'un globe rempli d'eau, & comprimée par des écroues ou autrement ; car il eft raifonnable de juger que ce courant provenoit de l'air qui étoit contenu dans l'eau, ou dans la fphere qui étoit mal remplie, ou bien de l'élafticité du métal, qui avoit cedé à la force qui lui avoit été imprimée en le rempliffant avec une feringue. On doit faire ces expériences avec autant de foin qu'il eft poffible ; car quoique l'air que les pores de l'eau contiennent ordinairement, n'y foit pas élaftique, tant que la liqueur eft froide & fluide, cependant, avec un peu de chaleur, il recouvre fon élafticité, l'eau fe raréfie & fort avec rapidité, fi elle trouve quelque ouverture ; fi l'on augmente la chaleur, elle brifera le vaiffeau le plus fort avec une explofion des plus violentes. Tous les métaux font capables d'extenfion & de contraction par le froid & le chaud, & font auffi plus ou moins élaftiques. C'eft-pourquoi

pourquoi celui qui fait de semblables expériences, sans avoir égard à ces circonstances, trompera toujours les autres & sera trompé lui-même.

§ 74. L'eau est un fluide qui ne s'enflamme pas. Le plus grand degré de feu ne sauroit accroître la chaleur de l'eau au-delà de deux cens treize degrés, qui est celui de l'eau bouillante. Nous n'avons pas encore pu trouver une cause satisfaisante pour expliquer pourquoi certains corps n'admettent qu'un certain degré de chaleur, & pas plus : c'est pourquoi, en attendant, nous ne pouvons pas démontrer pourquoi certains fluides sont, & quelques autres ne sont pas inflammables ; & dans ce cas, comme dans bien d'autres, nous devons nous contenter de connoître quelque chose de plus que les effets. Nous trouvons enfin que la plûpart des chauffages requierent, pour s'allumer ou bruler, une chaleur au-dessus de 213 degrés. Mais, comme la chaleur de l'eau ne peut surpasser ces degrés, elle ne peut être inflammable, ni bruler : au contraire, elle doit éteindre tous les corps inflammables que l'on jette au feu, quand même elle seroit chaude à bouillir, parce que, fût-elle même au plus haut degré de chaleur, ce degré étant inférieur, il doit diminuer celui qui est nécessaire pour allumer les corps inflammables ; par conséquent elle doit éteindre le feu.

L

§ 75. Quoique l'eau ne soit pas inflammable, elle est pourtant susceptible d'une grande
raréfaction, d'une extension extrême, &
d'une élasticité très-considérable. Tous les
corps sont raréfiés & dilatés par le feu, de
même qu'ils se contractent & se condensent
par le froid ; & de tous les corps qui ne sont
pas susceptibles d'un plus grand degré de chaleur, aucun n'est plus sensiblement affecté par
le feu que l'eau, à cet égard : tout degré de chaleur au-dessus du 32$^{me.}$ degré, rend l'eau fluide, & la tient en mouvement : ce degré de
chaleur s'accroit jusqu'au 212$^{me.}$ & 213$^{me.}$,
& ne monte pas plus haut. Par tous ces degrés
de chaleur, l'eau est raréfiée & son volume
étendu ; elle subsiste dans cet état, jusqu'à ce
qu'une partie soit dissipée en vapeurs sensi-
bles ou insensibles, dont rien ne surpasse l'é-
lasticité. La force extrême de la vapeur de
l'eau, ou de l'eau convertie en vapeur par le
feu, est prouvée par la machine de Savery,
inventée pour tirer l'eau par le feu. Telle est
celle dont on fait usage aux batimens d'York
à Chelsea, & dans nos mines. La vapeur de
l'eau chaude confinée dans un cylindre,
surpassant la pression de l'atmosphere, éleve
un piston adapté au cylindre & attaché au
bout d'un levier supporté au milieu par des
pignons sur lesquels il balance ; cette vapeur
étant condensée par l'admission de l'eau froi-

de, emporte la réfiſtance que la vapeur op-
poſoit au poids de l'atmoſphere ; & de-là réſulte un mouvement alternatif des bouts du
levier, ſuffiſant pour faire jouer des pompes
qui élevent une immenſe quantité d'eau à
quelque hauteur que ce ſoit.

§ 76. Si on remplit une phiole à long col,
d'eau bouillante, & qu'on la place dans un
endroit froid, à meſure que l'eau ſe refroidira,
le col de la phiole paroitra ſe vuider, comme
ſi une partie de cette eau s'étoit exhalée ;
mais d'abord qu'on lui rend le même degré
de chaleur, elle ſe raréfie & s'étend de ſorte
qu'elle remplit le même eſpace que ci-devant.
Cet effet eſt produit, non par l'atténuation,
ni la diviſion des particules qui la compoſent,
mais par l'agitation des unes contre les autres,
& par l'extenſion ou augmentation de leur
maſſe, que le froid ſeul peut réduire.

§ 77. Si l'on prend deux phioles d'une
égale force & dimenſion, que l'on en rempliſſe
une avec de la poudre à canon, mettant dans
l'autre une goutte d'eau froide ; toutes les
deux également bien bouchées, étant miſes
ſur le feu, l'on trouvera que la premiere cre-
vera avec un petit bruit, & la derniere avec
une exploſion forte & violente, qui écartera
puiſſanment * le feu & le verre dans les environs. Ceci montre que la force de l'eau

* M. Van Muſſchenbrock.

raréfiée en vapeur, furpaffe celle de la poudre à canon ; & je fuis enclin à croire que la plûpart des tremblemens de terre font les effets d'une foudaine raréfaction de l'eau par une chaleur fouterraine dans des endroits où la vapeur n'a pas d'air ; car je ne connois point de corps capable de réfifter à la force qui provient de l'extenfion de la vapeur de l'eau bouillante renfermée.

§ 78. Quelques perfonnes, ignorant ces effets, pour prévenir l'effufion des corps onctueux bouillans, comme poix, réfine & femblables, c'eft-à-dire, pour les éteindre & les appaifer, jettent de l'eau deffus ; mais, au lieu de parvenir à leur fin, ils augmentent le mal, puifque leur deffein étant de les arrêter, le contraire arrive ; car auffi-tôt que l'eau eft raréfiée par la chaleur, elle fe dégage avec rapidité, & une explofion proportionnée au degré de la chaleur & de la refiftence que la ténacité de la poix & de la réfine lui offre, & le bouillonnement & la combuftion font augmentés. Ceci eft bien connu des Fondeurs, fur-tout de ceux qui travaillent l'airain & le fer ; car ils évitent d'augmenter l'ébullition & la combuftion, en évitant l'introduction de l'eau, qui l'occafionneroit par fa force extenfive. Ces effets terribles arrivent affez fouvent par fatalité, en jettant leurs métaux en fufion dans des moules humides. La moindre humidité néceffaire pour préparer le fable à former les moules, ne manque jamais, lorfqu'elle fubfifte, de former une explofion; & s'il arrive que les moules foient plus humides qu'à l'ordinaire, l'explofion fera fi violente, qu'elle ne fe fera pas fentir feulement avec bruit, mais brifera le moule., frapera & jettera le métal fondu au loin, avec force & violence. Rien ne nous paroît plus furprenant & bizarre, que l'eau, qui eft incompreffible & abfolument fans élafticité, puiffe par le feu devenir fi puiffamment élaftique, & être dépouillée de cette qualité par certain degré de froid.

§ 79. A ces expériences on peut ajouter la force extraordinaire de l'eau raréfiée, agitée & renfermée, propre à diffoudre les parties les plus dures des végétaux & des animaux. L'os le plus dur eft, en très-peu de minutes, diffous dans la machine pampiniene, de forte qu'à l'exception du feu, de la lumiere, & des effufions magnétiques & électriques, l'eau, dans cet état, eft reconnue de tous les fluides le plus pénétrant pour parcourir les corps.

§ 80. L'eau tient donc du feu en partie fa fluidité. C'eft par la chaleur qu'elle eft fufceptible de raréfaction, d'extenfion & d'élafticité extraordinaire; elle eft dépouillée de ces propriétés par le froid; la chaleur au 33me degré entretient fa fluidité fans donner aucun

ſigne de raréfaction , extenſion & élaſticité.
Au contraire , au 32me· degré , elle change
de forme & de nature , d'un fluide ſans élaſticité qu'elle étoit , elle devient ſolide , élaſti-
que , je veux dire glace. C'eſt cette méta-
morphoſe ſurprenante qui a engagé quelques-uns * à dire que la glace eſt l'état naturel
de l'eau ; mais cette expreſſion eſt un peu
trop vague ; car l'eau eſt deſtinée par le Créateur , à bien des uſages que la glace ne peut
pas remplir ; elle eſt deſtinée à ſervir d'habi-
tation à un nombre auſſi conſidérable d'animaux , & auſſi varié , que celui de ceux qui
habitent la terre. Puiſque ces animaux furent
créés pour habiter un élément fluide , c'eſt une
preuve que la nature du milieu pour lequel ils
ſont deſtinés , doit être fluide , & non pas ſolide. Il eſt vrai cependant , qu'il y a certaines
parties du monde où l'eau eſt toujours gelée.
Là il eſt , à n'en pas douter , naturel , parce que
les loix de la nature l'ont décidé ainſi , comme
l'on voit aux poles , où la chaleur au 33me·
degré , eſt inconnue ; car par-tout où cette
chaleur ſe fait ſentir dans l'atmoſphere , l'eau
conſerve ſa fluidité , & on n'y voit pas de
glace , ce qui eſt au moins une raiſon égale ,
pour dire que la fluidité eſt naturelle à l'eau.

§ 81. La glace eſt regardée , par le même
Auteur , comme une certaine eſpece de verre

* *Boerhaave , Element. Chym. tom. 1. p. 614. in margin.*

qui se liquéfie & se met en fusion par la chaleur au 33me. degré, & reprend de nouveau sa solidité & sa dureté, lorsque la chaleur descend au-dessous du même degré. L'eau gelée acquiert les principaux signes caractéristiques du verre ; elle devient un corps dur & élastique, fragile, transparent, insipide & sans odeur : on la coupe, on la polit comme le verre, & on en peut former des lentilles & des miroirs ardents; elle ne diffère seulement du verre commun, que par sa gravité, sa fusibilité & fixité. Nous avons ci-devant fait observer que l'eau, n'ayant pas d'élasticité par elle-même, en acquiert considérablement par le feu. La même chose arrive par l'absence de la chaleur qui est le froid; car un globe de glace rejaillit de même qu'un de verre, lorsqu'il tombe sur un corps dur, & plus il est froid & dur, plus il est élastique ; quelques-uns se sont imaginé que par des froids longs & excessifs, l'eau se convertissoit en pierres précieuses ou crys-taux ; mais cette conjecture passera pour être sans fondement : en attendant une meilleure autorité, il paroît que l'eau réduite en glace prouve l'immutabilité de sa nature, puisque la glace la plus dure que nous ayons encore vue, s'est toujours fondue dans tous les degrés de chaleur, au-dessus du 32me. & a récupéré le même caractere & propriétés

que l'eau possédoit avant cette métamor-
phose.

§ 82. La glace diffère du verre, non-seulement par sa fusibilité, mais encore par sa
fixité; car le verre commun soutient le plus
grand degré de feu sans perte, tandis que la
glace peut être volatilisée par un degré de
chaleur suffisant pour la fondre.

§ 83. La gravité est une qualité qui distingue la glace du verre; tout verre est plus pesant que l'eau en général; la glace est plus
légere que l'eau; mais ceci est accidentel; car
l'eau exposée au froid pour être gelée, ne se
trouve pas sans air; ainsi il est difficile de
trouver de la glace sans air; d'ailleurs les interstices de l'eau sont toujours remplis d'air.
Mais, quoique cet air, par la désunion de ses
parties, & par le mélange de quelqu'autre
fluide, perde sa vertu élastique, cependant à
mesure que les parties de l'eau se rapprochent
& s'unissent de plus près par le froid, les parties de l'air qui étoient désunies auparavant,
se rapprochent & forment des bules d'air,
qui ont toutes leurs propriétés naturelles;
& ces bules venant à s'etendre, donnent cette
légéreté à la glace, qui la fait flotter sur l'eau
où elle a été formée. C'est aussi la même ex-
pension de l'air qui brise les vaisseaux les plus
forts, bouchés & remplis avec l'eau gelée*.

* Voyez les Experiences de l'Academie de Delcimento.

§ 84.

§ 84. S'il se trouvoit de l'eau tout-à-fait sans air, en l'exposant au froid, on auroit de la glace plus pesante : c'est pourquoi l'eau exposée au froid après avoir bouilli, ou dans le vuide, donne de la glace plus pesante, plus égale & plus transparente. Les Philosophes de Florence * ont fait, par cette méthode, de la glace qui ne flotte pas sur l'eau ; d'où l'on peut conclure que sa légerete vient de l'air contenu dans l'eau ; & quiconque est curieux de voir de la glace de cette espece, peut prendre l'eau la plus pure, la plus dépouillée d'air & de terre, & l'exposer ainsi au plus grand froid de la nature, & aidé par l'art, suivre le procédé des Florentins ou de Fahrenheit, il aura la glace la plus pure & la plus dure ; mais, malgré tous ses soins, elle sera toujours fusile par la chaleur au 33me degré : d'où nous pouvons conclure que l'opinion de ceux qui croient que l'eau se convertit en crystaux & pierres précieuses par le froid, est ridicule ; car le froid augmenté aux environs de quarante degrés par art, ne produit pas cet effet.

§ 85. Les parties qui composent l'eau commune, sont tout-à-fait héterogenes. Il se trouve peu de corps naturels dans la composition desquels l'eau n'entre pas, ou au moins auxquels elle ne s'attache ; & il y a peu de

* *Acad. Delciment.*

M

matiere qui, par un moyen ou par l'autre, ne puisse être suspendue dans l'eau : de-là vient que nous trouvons toujours l'eau la plus pure chargée de quelque portion des autres élémens, comme de feu, de l'air & des terres de plusieurs especes.

§ 86. Nous avons déjà démontré que l'eau ne conserve sa fluidité que par la chaleur au 33me. degré, & qu'au-dessous de ce degré, elle est convertie en glace.

§ 87. En même temps il a été exposé que l'air est toujours imbibé par une portion d'eau ; & il n'y a pas d'eau échauffée, gelée & mise dans le récipient de la machine pneumatique, qui ne décharge beaucoup d'air ; & aussi-tôt que la cause qui a expulsé l'air, cesse d'agir, l'air nouveau s'élance & remplit les interstices de l'eau comme auparavant. Il se trouve des eaux qui en contiennent plus que d'autres : les eaux légeres, minérales ou ferrigineuses de Pyrmont & de Spa, sont de cette espece.

§ 88. L'existence des parties terrestres se manifeste par l'évaporation ou distillation jusqu'à siccité : on en voit qui sont si chargées de matiere terrestre ou pierreuse, qu'elles deviennent blanchâtres comme du lait en bouillant, ou tapissent de pareille matiere le vaisseau dans lequel on les a bouillies. La plus legere & la plus pure qu'on connoisse dans la

nature, n'eſt pas exempte de ce mêlange, &
l'art ne peut tout-à-fait l'en dépouiller ; car,
après l'opération juſqu'à ſiccité, opérée de
la maniere la plus exacte, il ſubſiſte toujours
un reſte conſidérable de matiere ſolide & terreſtre ; & après la diſtillation répétée pluſieurs
fois par des vaiſſeaux les mieux fermés, on
trouve le même ſédiment.

§ 89. Mr. Boyle * nous apprend, non pas
tout-à-fait d'après ſa connoiſſance, que l'eau
de pluie, diſtillée près de deux cens fois dans
des vaiſſeaux bien propres, laiſſe toujours au
fond un ſédiment blanc, inſipide & terreſtre.

§ 90. Ceci pourroit être vrai, s'il étoit poſſible de diſtiller l'eau autant de fois ſans qu'elle
s'évaporât totalement, les vaiſſeaux étant
même très-bien bouchés ; quoiqu'il ſoit raiſonnable d'en douter, & que je le paſſe *gra-
tis*, on ne peut cependant pas conclure que
toute la terre qui ſubſiſte après ce procédé,
exiſtât dans l'eau avant l'opération ; car, comme l'eau ne peut pas être diſtillée, encore
moins évaporée ſans air, & qu'il n'y a pas
d'air ſans pouſſiere, ou dans lequel il ne ſe
trouve quelqu'autre matiere terreuſe & ſubtile ſuſpendue, il n'eſt pas étonnant que l'eau
qui s'éleve dans la diſtillation chargée d'une
portion de ſes parties terreuſes, n'en recueille
davantage en paſſant dans un nouvel air, puiſ-

* Des formes & des qualités.

que, de même que nous regardons la pluie comme la lessive de l'atmosphere, nous pouvons, avec raison, considerer l'eau distillée avec toutes les précautions ordinaires, comme la lie de l'atmosphere, qui occupe la partie des vaisseaux à distiller qui n'est pas remplie de liqueur.

§ 91. Ainsi, quoique la distillation soit la méthode la plus propre que nous connoissions pour purifier l'eau, nous ne devons pas nous attendre de l'avoir plus pure après plusieurs distillations par la méthode ordinaire, qu'après la premiere : de plus, il ne faut pas penser que toute la quantité de terre qui en est séparée par les distillations réiterées, existât, auparavant l'operation, dans cette eau.

§ 92. Pour distiller l'eau & la rendre aussi pure qu'il est possible, je recommande l'appareil & méthode suivans,

§ 93. (1.) Il faut prendre une cucurbite de verre, d'une capacité convenable, avec une tête de more à bec, le tout d'une piece : la couronne de la tête doit être percée & bouchée avec un bouchon de verre, bien adapté.

§ 94. (2.) Un matras à long col, avec un tube au corps, pour servir de récipient.

§ 95. (3.) Une forte bouteille assez ample pour contenir l'eau à distiller, avec un long col & une bouche, pour adapter au récipient.

§ 96. (4.) Un fourneau proportionné à la cucurbite, pour diftiller au bain de fable.

§ 97. La méthode que je recommande en procédant eft celle-ci : on emplira les trois quarts de la cucurbite avec de l'eau de pluie ou de neige très-nouvelle & très-nette, & on la placera dans le bain de fable : puis, que l'on joigne le mâtras en guife de récipient au bec de la tête de more, qu'on foutienne fon corps par un rond, & que fon tube foit renverfé dans la bouteille deftinée à recevoir l'eau diftillée : ayant luté les jointures avec une pâte mince, compofée d'une partie de belle farine d'amande ou de femence de lin, & de deux parties de fine fleur de froment, mêlées avec autant de blanc d'œuf qu'il en faut, on pouffe le feu avec gradation, & on le regle jufqu'à ce que l'eau foit diftillée.

§ 98. De cette façon on peut avoir de l'eau affez pure pour la plûpart des expériences : cependant, comme il eft à préfumer que tandis qu'elle fe fépare par la diftillation, de la terre qui refte au fond de la cucurbite après l'opération, elle en reçoit davantage de l'air contenu dans le vaiffeau par où elle paffe ; fi l'on retire le vaiffeau *numero tertio* avant qu'il ne foit refroidi, & que l'on verfe de nouveau l'eau dans la cucurbite par le trou de la tête more, fans lui laiffer toucher l'air extérieur, on peut la diftiller de nouveau dans un milieu plus pur qu'auparavant ; car les vaisſeaux ſont remplis alors d'air qui a été lavé dans la précédente diſtillation , à l'exception d'une petite partie, qui remplace celui qui avoit été diſſipé par la chaleur en diſtillant ; ainſi, par une ſeconde diſtillation ou une troiſieme, ayant toujours ſoin d'éviter, autant qu'il eſt poſſible, qu'il n'entre des impuretés avec l'air extérieur, ſoit en retirant ou en ouvrant les vaiſſeaux, on réduit l'eau à la plus grande pureté connue.

§ 99. L'eau ainſi diſtillée, peut ſervir de pierre de touche, pour comparer toutes les autres ; elle eſt trouvée la plus legere par la balance, quoiqu'on puiſſe recueillir de l'eau de pluie ou de neige dans certain temps & dans certain lieu, qui l'approche de bien près à cet égard.

§ 100. La pureté de l'eau eſt reconnue par les expériences ſuivantes, analogues à bien d'autres.

§ 101. On laiſſe dégoutter dans l'eau, d'une diſſolution de ſavon par l'eſprit de vin ; ſi elle ſe mêle uniment & avec égalité, c'eſt une preuve que l'eau eſt pure ; ſi, au contraire, le ſavon ſe coagule, ſe ſépare en nuage, c'eſt-à-dire, ſi le ſavon forme des grumeaux, & puis après ſe décompoſe, ce qui ſignifie que le ſel, l'huile ou la graiſe qui le compoſent, ſont ſeparés, c'eſt une preuve que l'eau eſt impure & dure.

§ 102. L'eau la plus pure est celle qui s'é-
chauffe le plutôt & se refroidit de même ;
l'eau commune s'échauffe ou se refroidit plus
ou moins vîte, à proportion de la quantité
des matieres solides qu'elle tient suspendues
en dissolution. La plus dure ou la plus chargée, s'échauffe le plus difficilement, & se
refroidit de même ; par consequent elle est
la plus impropre pour la distillation & la
congelation ; les eaux qui petrifient sont rarement gelées.

§ 103. Les dissolutions des métaux, principalement celle de l'or par l'eau regale, celle
de l'argent ou du vif-argent dans l'acide du
nitre, celle du plomb par le vinaigre distillé,
souffrent toutes d'être delaiées dans cette
eau pure & y demeurent pour quelque temps
suspendues : tandis que celles qui sont moins
pures, principalement celles qui sont chargées de terre & de sel, en y versant par gouttes de ces dissolutions, se troublent & se
brouillent en nuages, & les métaux en sont
tout-à-coup précipités en forme de magistere
par des raisons que nous dirons ci-après.

§ 104. Quoique nous n'ayons pas encore
trouvé les moyens de réduire l'eau à une
simplicité élémentaire, elle se rencontre cependant pour l'ordinaire assez simple pour la
regarder comme la base de tous les autres
fluides.

§ 105. De-là provient la douceur extraordinaire de l'eau, qui montre qu'elle est dépouillée de toute acrimonie & apreté. Cette qualité la rend agréable aux parties du corps de l'animal qui font très-senfibles lorfque par le feu elle égale la température de fes humeurs ; c'eft par elle qu'elle n'offenfe pas l'œil, qu'elle n'irrite pas les narines, quoique les branches déliées des nerfs olfactifs font prefqu'à découvert ; pareillement dans les plaies & les ulceres où les membranes ou les nerfs font tout nuds & ne peuvent fouffrir aucune autre application , fans augmenter la douleur, l'eau tiede adoucit & foulage ; & dans les plus violentes inflammations , où tout ce qui touche , foit folide ou fluide , rend la douleur aiguë, l'eau tiede auffi , ou fa vapeur , apporte du foulagement. Comme elle fe mêle , diffout & détrempe tous les fels aigus & corrofifs, elle doit faire le même bon effet dans l'intérieur du corps , où ces fels prédominent ; car c'eft par ce principe que l'ufage , tant interne qu'externe, en fut établi depuis les premiers fiecles de la médecine ; mais une infatuation honteufe & inconcevable, l'a fait fi fort négliger dans ce fiecle éclairé, qu'un Boerhaave & un Hoffman défefpererent de le retablir avec fa réputation.

§ 106. La grande fimplicité de l'eau, lui a donné

donné auffi la qualité extraordinaire d'être le diffolvant le plus puiffant & le plus univerfel que la nature & l'art nous aient encore fait connoître. Ainfi l'on trouve que l'eau s'infi-nue plus généralement & plus efficacement qu'aucune autre liqueur, dans les pores & interftices d'une grande quantité de corps dif-férens, qu'elle rompt leurs connections, & les divife en parties fi fines, qu'elles fe mê-lent avec ce fluide, avec tant d'égalité & fi invifiblement, que dans l'interftice de cha-cune de fes parties la même quantité de ma-tiere diffoute fe trouve toujours diftribuée en proportion.

§ 107. Les corps que l'eau diffout avec la plus grande facilité, font toutes fortes de fels, foit folides ou fluides, naturels ou artificiels.

§ 108. Les fels que l'eau rencontre le plus communément en paffant dans les entrailles de la terre, font les fels folides & foffiles fim-ples, comme le fel gemme ou le fel marin, le fel armoniac, le borax & le nitre des Anciens, ou bien un mêlange de ceux-ci, auxquels l'on peut ajouter les différens vitriols. Les autres fels fimples foffiles ne font jamais trouvés na-turellement purs, en forme folide ou feche ; car, par une attraction extraordinaire avec l'eau, ils en font toujours affez imbibés pour conferver une forme liquide, à moins qu'ils ne s'uniffent à quelque bafe terreftre. Le pre-

N

mier de ceux-ci, &, vraifemblablement, le
premier de la création , eſt cet acide qui
pénetre dans tout le ſyſtheme de la nature ;
quoiqu'on l'appelle foſſile, de ce qu'on en
trouve abondamment dans certains corps
qui ſont tels , néanmoins nous pouvons le
découvrir dans les végétaux & dans les animaux , quoiqu'un peu différent de l'original ;
& toute la région de l'air en eſt chargée ,
comme il paroît par la corroſion des métaux ,
& la ſaturation des ſels alcalins, d'où les neutres ſont formés , c'eſt-à-dire , en expoſant les
ſels alcalis fixes dans un air libre, humide, &
en certain temps, il en réſulte le même effet,
comme ſi on mêloit juſqu'à ſaturation le même acide produit par l'art, avec les alcalis
fixes ; j'entends, il en réſulte cette concrétion qu'on appelle tartre vitriolé. Ceci montre le procédé naturel pour préparer l'huile
de tartre, qui ſe fait en expoſant le ſel alcali
en plein air, juſqu'à ce qu'il ait abſorbé aſſez
d'humidité pour en être diſſous ; & comme,
avec cette humidité, il ſe trouve toujours
plus ou moins d'acide, elle eſt rendue en quelque façon neutre. De-là vient que l'on ne
trouve pas de ſel alcali fixe naturel qui ne ſoit
accompagné de ſel neutre , qui eſt communément le tartre vitriolé. Cet acide abonde
dans différentes parties de la terre, où il produit des concrétions diverſes , deſquelles on

peut l'extraire par art. Ainſi l'union de cet
aoide univerſel avec le fer, produit le vitriol
verd ; avec le cuivre, le vitriol bleu ou couperoſe : de même, de ſon union avec le zink,
nous. tirons le vitriol blanc, comme auſſi,
avec le principe inflammable, que nous appellons phlogiſtique, le ſouffre commun ; &
avec une certaine terre, l'alun ; & ainſi des
autres. De ces compoſitions, principalement
du vitriol verd & du ſouffre, nous tirons cet
acide par l'action du feu. De-là vient que
vulgairement il porte le nom de la concrétion d'où nous l'avons extrait, quoiqu'il ne
ſoit qu'un, & le même toutes les fois qu'il
ſe trouve parfaitement pur. On peut, au
moyen d'un procedé particulier, tirer cet
acide en forme & avec la ſolidité de la glace,
laquelle il ne peut cependant pas conſerver
long-temps. Mais dans toutes les opérations
ordinaires, il abſorbe de l'air, avec une grande
avidité, autant d'humidité qu'il lui en faut
pour conſerver ſa forme liquide, & il la retient avec tant de force, qu'aucun degré de
feu ne peut, à l'avenir, l'en ſéparer. On le
conſidere comme la baſe de tous les acides,
ſoit naturels ou artificiels, ce qui a induit
quelques-uns à l'appeller primitif.

§ 109. Les autres ſels acides, foſſiles &
liquides ſont les eſprits acides du ſel commun
& du nitre des Modernes. Ces ſels ſont tou-

jours liquides ; & il n'eſt pas poſſible de les extraire en d'autres formes, parce que leur union avec l'eau eſt ſi ferme, qu'ils l'égalent par leur volatilité.

§ 110. Les ſels ſolides & liquides ſont tous diſſolubles dans l'eau, quoiqu'en différentes manieres & proportions. Les ſels ſolides ſe diſſolvent tous dans l'eau ; mais ils requierent une certaine quantité de fluide pour en être diſſous ; & le diſſolvant peut s'en charger juſqu'à ſaturation, c'eſt-à-dire, juſqu'à ce qu'il ne puiſſe plus en diſſoudre davantage, & qu'il les laiſſe ſans les toucher, comme s'il n'en étoit pas diſſoluble. Mais, lorſque le ſel eſt une fois diſſous avec égalité dans une ſuf-fiſante quantité d'eau, il devient propre à être diſſous par la moindre quantité ; par conſé-quent les ſels acides étant toujours fluides, ce qui eſt la même choſe que ſi nous diſions qu'ils ſont déja diſſous dans une ſuffiſante quantité d'humidité aqueuſe, peuvent être diſſous dans la moindre quantité d'eau, c'eſt-à-dire, en être delayés davantage.

§ 111. C'eſt par le mouvement continuel de ſes parties, que l'eau effectue la diſſolution des corps ; c'eſt par lui que les parties de ce diſſolvant, qui ne ſont pas encore ſaturées, ſe préſentent, touchent & agiſſent ſur les corps qu'elles ont à diſſoudre. Ceci eſt prouvé par la vertu diſſolvante de l'eau, qui eſt au-

gmentée par la chaleur dont l'effet eſt d'accé-
lerer le mouvement de ſes parties. Le froid
en donne même une preuve ultérieure, en
ſeparant les ſels de l'eau, parce que ſon effet
eſt de priver les parties de ce fluide de leur
mouvement, qui tenoit les parties ſalines en
diſſolution, comme, par exemple, ſi on ex-
poſe une diſſolution de quelques-uns de ces
ſels foſſiles & ſolides à l'air aſſez froid pour
la priver de ſon mouvement, j'entends, à la
gelée, on verra qu'à proportion que le froid
augmente, le ſel ſe ſépare, & l'eau étant
gelée, ſera trouvée ſans ſel : de cette façon,
l'on pourroit tirer le ſel marin dans les cli-
mats froids où le chauffage eſt rare*.

§ 112. L'eau chaude diſſout une plus
grande quantité de ſels que la froide ; mais
auſſi-tôt que ſa chaleur eſt paſſée, le ſel ſura-
bondant ſe ſépare, & l'eau n'en conſerve pas
davantage qu'elle n'étoit capable d'en diſſoudre, lorſqu'elle étoit froide.

§. 113. L'eau ne diſſout pas ſeulement par
préférence, un ſel plus que l'autre ; mais
lorſqu'elle eſt chargée juſqu'à ſaturation d'un,
elle diſſolvera ultérieurement d'un autre ;
les ſels foſſiles qui contiennent le plus d'eau
& le moins de terre, ſont les plus diſſolubles ;
ainſi le ſel gemme, le ſel marin & le nitre ſont
les plus diſſolubles, c'eſt-à-dire, requierent

* Sthal.

une moindre quantité d'eau, pour se dissoudre, que le borax ou l'alun ; & une dissolution de sel marin avec l'eau jusqu'à saturation,
se chargera toujours d'un peu de nitre ou de
quelque autre sel, & les conservera en dissolution également.

§ 114. Mais l'eau ne dissout pas seulement
ces sels ; elle agit aussi sur tous les sels métalliques ou terrestres ; tels sont tous les
vitriols ou métaux dissous par les sels acides,
soit minéraux, soit végétaux. Les premiers
composent les eaux minérales de différentes
especes. Et diverses pierres, les terres dissoutes par ces acides, peuvent se mêler avec
l'eau ; c'est ainsi que nos eaux dures & pétrifiantes sont composées.

§ 115. Il y a cependant quelque exception
à cette regle. Certains demi-métaux sont dis-
souts, par différens procédés de l'art, dans
des acides particuliers, par exemple, le régule
d'antimoine & le vif-argent ne se dissolvent
pas dans l'esprit de sel dans leur entier ; mais,
si le sublimé corrosif, qui est un vif-argent
réduit en forme de vitriol ou cristaline par
l'esprit de sel concentré dans la sublimation,
est mêlé & distillé avec le régule, l'acide du
sel, par une plus forte affinité ou attraction
avec le régule, quitte le mercure pour s'unir
à l'antimoine, le volatilise, & forme, par la
distillation, une substance semblable à la

glace, qu'on nomme beure d'antimoine : cette
substance attire l'humidité de l'air, & en est delayée & réduite, par le temps, en consistance
d'huile pesante, que l'on peut regarder comme une dissolution ou espece de vitriol d'antimoine, operée par cet acide, laquelle cependant
dant n'est pas dissoluble dans l'eau ; car aussi-
tôt que ce beurre ou cette huile improprement dite est jettée par gouttes dans l'eau, les
parties du régule se séparent & tombent au
fond en guise de poudre ou magistere blanc,
que quelques - uns appellent, sans raison,
Mercurius vitæ, & d'autres, *Pulvis algaroth*,
s'imaginant que c'est du mercure, lorsque
c'est réellement de l'antimoine. De la même
maniere le busmuth dissous par l'acide du
nitre, peut être regardé comme une espece
de vitriol liquide de ce métal, lequel aussi
versé par gouttes dans l'eau, est précipité en
magistere blanc, comme le regule dont nous
venons de parler ; ce qui forme une présomption, que l'eau ne peut pas être impregnée de ces corps, comme se le sont imaginé
quelques - uns.

§ 116. Les sels du regne végétal ou animal,
tirés par art ou produits par la nature, ou
de quelque espece qu'ils soient, sont dissolubles dans l'eau, selon les mêmes principes
que les précédens ; & l'eau impregnée de sels
différens devient un dissolvant pour les

corps qu'elle ne pourroit affecter si elle étoit ॥ simple ; par conséquent lorsqu'elle est char- gée de sel acide, elle dissout différens métaux & terres, comme aussi, impregnée de sel alcali, elle dissout les huiles, les souffres, &c.

§ 117. Je m'en vais inférer des Tables, pour contribuer à la satisfaction de quelques Lecteurs, lesquelles montrent la proportion des différens sels qu'une quantité donnée d'eau simple & froide, peut dissoudre & retenir. Ce calcul fut commencé par Frederic Hoffman[*], Médecin & Chymiste exact. Mais, comme il pourroit arriver que quelques-uns, en imitant les expériences de ce fameux Professeur, les trouveroient différentes, qu'il me soit permis de leur rappeller quelques fautes dans lesquelles on tombe en faisant ces expériences, ou lorsqu'on en rapporte l'histoire sans déterminer la pureté de l'eau, ni spécifier le degré de chaleur ou de froid de l'eau dans laquelle on a fait les dissolutions, par un thermomêtre régulier, & dont la construction & l'échelle soient connues, puisque, sans ces précautions, on ne peut rien déterminer, avec exactitude, de ces expériences, & bien peu des expériences hydrostatiques sur les eaux, ni même de celles pour la mesurer ; car, comme la temperature de l'eau est continuellement changée par l'atmosphere, & qu'elle est raré-

[*] *Obs. Phys. Chym.*

fiée

fiée par la chaleur, & condenſée par le froid,
& que dans un cas, ſon mouvement, par conſéquent ſa vertu diſſolvante eſt augmentée, &
que dans l'autre, le mouvement étant dimi-
nué, elle eſt moins capable de diſſoudre, il eſt
néceſſaire de déterminer les différens degrés
de froid & de chaud, avant & après avoir mis
les ſels dans l'eau. Il en eſt de même de la pureté & de la ſimplicité de l'eau, pour ſe mettre
à même de tirer des concluſions certaines des
prémices; car, ſans ces précautions, dis-je,
il n'y a pas deux perſonnes qui conviendroient
de la quantité d'eau requiſe pour diſſoudre
une portion de ſel déterminée. Voici les Tables
que je viens de propoſer au Lecteur, faites ſur
les obſervations de Hoffman.

§ 118. *TABLE DE HOFFMAN,*
montrant la proportion d'eau requiſe pour diſ-
ſoudre certains ſels.

Sel marin,	4½ onces	
Nitre ou ſalpêtre,	6 drachm.	Ces diffé-
Couperoſe,	6	rentes por-
Alun,	2 onces	tions ſont
Arcanum duplicat.		diſſoutes
Tartre vitriolé, ou	2 onces	dans une li-
Sel polychreſt,		vre d'eau
Sel d'Epſom,	1 livre	commune.
Sel alcali fixe, près de 9 onces		

O

§ 119. La Table de Juncker est plus étendue, ainsi :

Tartre crud pul-) 1 drachm.)
 verisé,   } |
Arcanum dup. ou) 1 once | Chacun est
Tartre vitriolé, } | dissoluble
Salpetre, - - 2 onces   } dans une li-
Alun, - - - 2 onces   ) vre d'eau
Vitriol, - - - 4 onces | commune.
Sel marin, - - 6 onces |
Sel alcali fixe, se-) depuis 1 liv. |
 lon sa pureté, } jusqu'à 1½)

§ 120. Ces Tables ne paroissent défectueu-
ses, que parce qu'elles ne déterminent pas la
pureté & la température de l'eau, & ne donnent que des notions imparfaites, qui demandent plus de perfection.

§ 121. La Table de Boerhaave est plus
étendue & faite avec plus de soin. Selon son
plan, les sels sont pulverisés & secs, l'eau
est purifiée par la distillation ; & sa température avec celle de l'atmosphere sont déterminées par le thermometre au 38ᵐᵉ· degré ;
& dans cet état de température, elle dissout
les sels selon la proportion suivante :

dans l'eau distillée.

Le Sel marin - 2 onces - 6 onces 3 drachm.
Le Sel gemme - 1 once - 3 onces 2 drachm.
Le Sel armoniac 1 once - 3 onces 2 drachm.

dans l'eau diſtillée.

Le Salpetre, - 9 drachm. - 6 onces
Borax, - - 4 drachm. - 10 onces & plus
Alun, - - - 1 once - 14 onces
Sel Epſom, - 1 once - 1 $\frac{1}{2}$ once
Sel alcali fixe ou
  Sel de tartre, 1 once - 1 $\frac{1}{2}$ once

Arcanum dup.
  ou Tartre vi-
  triolé avec une
  forte & longue
  agitation, - - 4 drachm. - 3 onces
Le Vitriol verd
  commun avec
  une agitation
  continuelle, - 1 $\frac{1}{2}$ drach. - 3 onces

Le tartre purifié, 1 once - 1 livre & 8 onces

§ 122. Ces expériences peuvent paroître,
au premier coup d'œil, de peu de conſéquence ; mais elles nous apprennent les différens degrés de la faculté de l'eau pour
diſſoudre pluſieurs ſels. Elle en diſſout quelques-uns plus promptement, d'autres plus
lentement & plus difficilement ; d'ailleurs
elle diſſout une plus grande quantité de l'un
que de l'autre. La connoiſſance de ceci eſt de
grande importance, puiſqu'elle demontre
juſqu'à quel point une quantité donnée d'eau

pure peut fe chargér de différens fels, & par-
là elle affifte beaucoup dans la purification
& criftallifation des fels. Par exemple , fi
quelque fel eft impur, la méthode de le dé-
purer, eft de le diffoudre dans une fuffifante
quantité d'eau, puis de l'évaporer jufqu'à ficcité, s'il eft d'une certaine efpece ; s'il eft
d'une autre jufqu'à ce qu'il paroiffe une pellicule fur la furface ; enfuite il faut le placer
dans une place froide pour le criftallifer :
celui qui connoît la quantité d'eau néceffaire pour diffoudre ces fels , épargne beaucoup de depenfe & de peines , dans le temps
que ceux qui l'ignorent, y font fujets. De
plus, fi deux fels ou davantage, comme il eft
très - poffible , font mêlés non - feulement
dans une forme feche, ce qui eft très - aifé à
comprendre , mais encore en forme liquide (car plufieurs fels fufpendus dans l'eau
peuvent fe mêler fans fe précipiter) cette
table nous montre la méthode de les féparer;
ainfi le falpêtre, le fel marin, le fel gemme,
armoniac, borax, alun, fel de Glauber, epfom & femblables, peuvent fe mêler uniffor-
mement enfemble; de plus, l'eau foulée d'un
de ces fels, peut encore en recevoir & diffoudre une certaine portion d'un autre ,
comme, par exemple , fi on ajoute à une
diffolution de fel marin , operée felon cette
derniere table, une demi drachme de falpêtre

en poudre, elle fera auffi-tôt diffoute ; ou fi l'on ajoute, à une diffolution de falpêtre, felon les mêmes regles, une demi-once de fel marin, il en fera diffout promptement. De plus, fi on ajoute à cette diffolution de fel marin, qui n'en pourroit point diffoudre un feul grain davantage, une certaine portion d'alun, elle la diffoudra ; & lorfqu'elle fera chargée autant qu'il eft poffible de ces deux fels, elle en diffoudra un troifieme ; car elle diffoudra, de plus, une petite quantité de vitriol verd. A préfent fi deux ou trois de ces fels font ainfi diffous enfemble, nous apprenons de-là comment on les peut féparer, puifque le fel qui requiert le plus d'eau pour être diffous, fe criftallifera le premier après l'évaporation & laiffera les autres en diffolution, jufqu'à ce que, par une évaporation ultérieure, celui qui le fuit, felon le même ordre, foit porté à fon point, & ainfi du refte : par conféquent l'alun fe criftallifera le premier, enfuite le nitre ou falpêtre, puis le fel marin. On peut diftinguer les fels qui fe criftallifent par la figure de leurs criftaux. Cette marque eft une pierre de touche, pour s'affurer de leur pureté ; c'eft pourquoi on devroit les préférer dans leur forme. La leffive de l'antimoine diaphorétique fournit deux fels différens, l'un alcalin, l'autre nitreux : fi on l'évapore jufqu'à ficcité, il four-

nit une concrétion saline compofée des deux.
Mais fi on fait l'évaporation félon les regles
ci-deffus, on les aura féparément, chacun
dans fa propre forme : de même, en prépa-
rant l'arcanum duplicatum, compofé de
nitre & de vitriol, diftillés ou calcinés enfemble par un feu violent, l'acide du vitriol
quitte fa bafe métallique pour s'unir à celle
du nitre, qui eft alcaline ; d'où il réfulte un
fel femblable au tartre vitriolé. Mais il peut
arriver, & il arrive fouvent, qu'une certaine
portion du nitre & du vitriol, n'eft point
alterée par cette opération ; de forte que,
dans la leffive de cette maffe calcinée, il y a
trois fels, favoir, le nitre, le vitriol, & le fel
neutre, qui eft celui que nous venons d'appeller arcanum duplicatum. Il eft par conféquent évident que cette leffive évaporée
jufqu'à ficcité, doit produire une maffe compofée, & non pas un fel fimple ; mais fi nous
opérons la criftallifation, félon notre regle,
elle nous les donnera tous les trois féparément, dans l'ordre que nous avons tracé. Il
eft ici à remarquer que tous les fels criftallifés
.cortiennent toujours plus ou moins d'eau,
qu'ils lui doivent leur cohéfion & leur tranfparence ; car lorfqu'ils en font depouillés, ce
ne font que des poudres opaques.

§ 123. Lorfqu'il arrive que différens fels
font mélés, on peut, félon les mêmes prin-

cipes, les féparer par la diffolution ; ceux qui font les plus faciles & requierent le moins d'eau & de mouvement pour fe diffoudre, en feront les premiers faifis ; deforte que, dans un tel melange, ils fe diffoudront felon cet ordre, 1°. le fel alcali fixe, 2°. le fel epfom, 3°. le fel marin, & ainfi du refte. Voyez la table.

§ 124. La raifon pourquoi un fel eft plus diffoluble qu'un autre, eft digne de notre attention. Les fels dont les parties font trèsfubtiles, font les moins folides, & leur cohéfion eft très-legere, par conféquent font les plus aifés à divifer ou diffoudre ; d'un autre côté, les fels qui font compofés de parties plus groffieres & terreufes, font plus denfes & plus folides, ont une cohéfion plus ferme : de-là leur union, étant plus difficile à rompre, ils font diffous avec plus de difficulté ; ce qui eft demontré par la table ; les fels de la premiere claffe, & qui requierent le moins d'eau & de mouvement pour fe diffoudre font les alcalis fixes, lefquels abforbent l'eau avec une telle avidité, qu'expofés à l'air, ils en retirent affez d'humidité pour en être diffous, & la retiennent fi fortement, qu'elle s'en fépare avec difficulté. Après les fixes alcalis, fuivent les fels acides, qui attirent & abforbent, de même, autant d'humidité de l'air, qu'il leur en faut pour prendre la forme liquide, & la retiennent fans qu'il foit poffible de les en féparer. Enfuite viennent les fels alcalis rendus neutres par les acides végétaux, comme les fels de tartre avec le tartre ou le vinaigre ; les fels neutres qui contiennent beaucoup d'eau, tels que les fels d'Epfom, & de Glauber & autres femblables, enfin les fels muriatiques, font les plus diffolubles. Après eux les fels de la derniere claffe, qui requierent beaucoup d'eau & de mouvement pour fe diffoudre, font le nitre, l'alun, le borax, le vitriol, & le tartre vitriolé. On les trouve du caractere défigné par les différens degrés, d'où on peut tirer la variété de leur diffolubilité. Il y a encore une autre raifon qui concourt à rendre le tartre prefqu'indiffoluble dans l'eau froide, c'eft qu'il eft tout couvert d'une efpece d'humeur muqueufe, onctueufe & lente, qui empêche que l'eau ne peut le pénétrer fans chaleur.

§ 125. Quoique les huiles, de leur nature, fans l'intervention de quelque matiere intermédiaire, foient indiffolubles dans l'eau, cependant, lorfqu'elles font une fois attenuées & fubtilifées par la fermentation, au point qu'elles deviennent des efprits ardents, elles s'imbibent & s'uniffent pour lors avec une portion d'eau qui les rend auffi diffolubles dans ce fluide, qu'aucun autre fel. De-là vient que le meilleur & le plus rectifié des efprits, s'unit s'unit d'abord en le mêlant avec une quantité quelconque d'eau pure ; & plus pure elle est, plus prompte en est l'union. Si on les verse soigneusement l'un sur l'autre, le plus pesant ira au fond, & le plus léger surnagera ; mais, par la moindre agitation, ils s'unissent très-intimement, comme il a été ci-devant observé.

§ 126. Cependant l'eau a une plus forte attraction avec divers sels, qu'avec les esprits ardens ; d'où il résulte que l'eau, chargée d'alcali fixe jusqu'à saturation, comme dans la lie vulgairement & faussement appellée huile de tartre, ne quittera pas le sel pour s'unir avec l'esprit ; & la lie & l'esprit ne pourront s'unir, quel que soit l'artifice que l'on emploie. Par la même raison, si l'on présente à un esprit delayé dans l'eau, une suffisante quantité de sel alcali fixe & sec, l'eau l'attirera, & elle en sera attirée ; ils s'uniront & l'esprit en sera rejetté.

§ 127. Il est vrai que ceci n'arrive qu'avec les sels qui ont une si grande attraction avec l'eau qu'ils n'en sont séparés que difficilement ; car ceux dont la volatilité ou aptitude à tourner en cristaux, les rend toujours prêts à la quitter, forment une exception à cette regle. Ainsi, si une eau est fortement chargée d'un alcali volatile, tel que celui des pieds des animaux, de l'urine, de sel armoniac ou semblables, lesquels, par la moindre chaleur se dissipent, ou si l'eau est chargée de tels sels qui tournent en cristaux lorsqu'elle est en repos, comme, par exemple, de tartre vitriolé, de sel de Glauber ou d'Epsom, en versant de l'esprit rectifié sur des fortes dissolutions de cette espece de sel, l'eau abandonne le sel dissous, & s'unit avec l'esprit, tandis que les parties des sels, qui ont été rejettées, s'attirent réciproquement, & tournent en concrétion cristalline, d'où il est clair que l'eau a une plus forte attraction avec certains sels qu'avec l'esprit ardent ; &, au contraire, qu'elle a plus d'attraction avec l'esprit ardent qu'avec certains autres sels.

§ 128. On a ci-dessus observé, que les esprits ardens ne sont que des huiles subtilisées d'où ils tirent leur affinité avec les huiles, & dissolvent toutes celles qu'on appelle essentielles, celles qu'on obtient par la distillation des végétaux aromatiques, au degré de chaleur qui n'excede pas celui de l'eau bouillante, & les empireumatiques, de même que celles que l'on tire des végétaux & des animaux par la seule action du feu. Les huiles qui contiennent quelque chose de mucillagineux, & qui sont tirées par expression, ne sont point dissolubles dans l'esprit ; les résines & les baumes pareillement, par leur affinité avec les huiles essentielles & autres dans toutes lesquelles ils sont dis-

folubles, fe diffolvent promptement dans les
efprits rectifiés ; mais l'eau a une attraction
plus forte ou une affinité plus proche avec
l'efprit qu'avec aucun d'eux. C'eft par cette
raifon, qu'auffi-tôt qu'on verfe de l'eau fur
une de ces diffolutions, elle devient immédiatement opaque & laiteufe ; l'eau & l'efprit s'attirent l'un l'autre, s'uniffent & forment une liqueur incapable de diffoudre
aucune huile ou réfine : de-là vient qu'elles
font rejettées, & que, felon leur gravité fpécifique, elles s'élevent & flottent fur la furface, ou tombent au fond du mélange.

§ 129. Les huiles ou les corps huileux ne
font pas diffolubles dans l'eau, fans l'inter-
pofition de quelque corps qui ait une forte
attraction avec l'eau, & qui puiffe en même-
temps envelopper ou rompre la cohéfion des
huiles ; de même plufieurs huiles & baumes,
certaines graiffes d'animaux, celle, par exemple, que l'on appelle improprement *fperma
cœti*, divifée & enveloppée par le jaune d'un
œuf, fe mêle avec, fi elle n'eft pas tout-à-
fait diffoluble dans l'eau. En faifant degoutter de l'huile fur du fucre, il en réfulte le
même effet : ces gouttes font fufpendues
quelque temps dans l'eau qui ne pouvoit
pas auparavant les affecter ou les diffoudre.
Mais la plus parfaite diffolution des huiles
par l'eau s'effectue en la mêlant avec des fels,

qui ont une très-forte attraction avec elle : tels sont, 1°. les alcalis fixes, puis après les sels volatiles.

§ 130. Les premiers, savoir, les alcalis fixes, s'uniffent avec les huiles effentielles, lorfqu'ils font fecs & agités ; lorfqu'ils font reduits en lie, bouillis & remués avec les huiles par expreffion, ou la graiffe des animaux, jufqu'à ce que l'eau de la lie foit évaporée, ils compofent enfemble le meilleur favon. Ces favons ne font pas feulement, par eux-mêmes diffolubles dans l'eau ; mais ils rendent auffi ce fluide un puiffant diffolvant de divers corps qu'il n'auroit pas touchés ; ainfi les huiles, les graiffes & tous les corps onctueux, les réfines, les gommes-réfines, par ce moyen, deviennent diffolubles dans l'eau : de-là vient la qualité propre à blanchir, du favon. Les alcalis volatiles s'uniffent de même avec les huiles, & forment une efpece de favon ; mais leur union n'eft pas auffi ferme qu'avec les alcalis fixes.

131. Ayant ainfi démontré, par plufieurs inftances, la vertu diffolvante de l'eau, il n'eft pas hors de propos de montrer fes limites ; car on ne doit pas la regarder auffi étendue que quelques-uns l'ont repréfentée, c'eft-à-dire, comme un diffolvant univerfel.

§ 132. L'eau pure, exactement fans fels, n'eft propre à diffoudre aucun des métaux,

quoique des hommes de grande autorité *
aient affirmé que le plus pur & le plus parfait
n'étoit pas une preuve contre la qualité de ce
diffolvant fimple, puifque, par une longue
trituration, il peut en être diffous ; mais la
préfomption eft, que, fi ces Meffieurs firent
ces expériences, ils fe fervirent d'une eau déjà
impregnée de quelque fel , ou de celle qui,
dans le temps de la trituration, ayant été
expofée affez long-temps à l'air, en avoit reçu
autant qu'il en falloit pour la rendre propre
à diffoudre les métaux, déjà très-fubtilement
divifés par le broiement : que ceci néanmoins
n'induife perfonne à conferver de l'eau dans
des vaiffeaux de métaux , principalement
dans ceux de plomb ou de cuivre ; car le
moindre degré d'acidité eft capable de diffoudre de l'un & de l'autre affez pour la rendre
nuifible. Tous les fels diffolvent auffi, plus
ou moins, le cuivre.

§ 133. L'eau n'eft propre à diffoudre aucune terre pure ou pierre, encore moins
du verre, des criftaux ou pierres précieufes ;
elle ne peut pas même, par la plus grande
chaleur dont elle eft fufceptible, diffoudre
le foufre, fans y ajouter un certain fel.

§ 134. L'eau, par fon extrême pénétrabilité, qui tire fa fource de l'inconcevable
ténuité de fes parties, s'introduit dans les

---

* Langelot, Homberg.

pores d'une grande variété de corps folides,
en augmente le poids & le volume, comme
il a été démontré dans plufieurs inftances.
J'ajouterai feulement une expérience très-
bien connue, pour démontrer la fechereffe
ou la moiteur de l'atmofphere.

§ 135. Qu'au moyen de deux crochets ou
clous affez forts, on attache au-deffus d'une
muraille une corde de fouet ou de boyau de
chat, d'environ trois pieds, mefure d'Angleterre ; qu'au milieu de cette corde on fuf-
pende un poids tel qu'elle eft en état de fup-
porter, cela forme un baromêtre auffi jufte
qu'il eft fimple, puifque les changemens de
fechereffe & d'humidité de l'air feront marqués par le poids, qui fera plus bas dans le
temps fec, & plus haut dans l'humide : pour
prouver que la corde eft raccourcie par l'eau,
& le poids, par conféquent, élevé, qu'on
l'humecte en la frotant avec une éponge ou
linge mouillé, on trouvera qu'elle fe contracte, & éleve un poids auffi pefant que
l'appareil peut le foutenir : par la même caufe, les cordes de violon font fi tendues dans
les temps humides, qu'elles fe fendent & fe
caffent affez fouvent, & le contraire arrive
dans la fechereffe. Cet effet eft, fans doute,
occafionné par les parties très-déliées de l'eau,
qui s'infinuent dans les pores & les interftices
des cordes, d'où leur dimenfion eft raccour-

cie à proportion de la quantité des parties d'eau qui s'infinuent entre les fibres, ce qui arrive de même aux coins à fendre du bois.

§ 136. Par cette extrême pénétrabilité, il n'eft pas furprenant qu'on trouve peu de corps où l'humidité ne s'attache. Différens fels defféchés autant qu'il eft poffible, fourniffent un efprit acide par la diftillation, dont la fluidité provient de l'eau : c'eft par ce moyen que le fel marin decrepité, même fondu, puis après mêlé avec quelque terre martiale, par exemple, avec le bol, fournira, par la diftillation opérée par un feu violent, un efprit dont l'eau pure fera aifément féparée, ce qu'on peut auffi dire du nitre.

§ 137. Le foufre, le plus combuftible de tous les corps, eft auffi, en partie, compofé d'eau ; la preuve eft 1°. les flammes qu'il jette en brulant, puifqu'il n'y a pas de flamme fans eau, 2°. fes fumées recueillies & condenfées dans un récipient, lefquelles fourniffent un efprit acide, dont la plus grande partie de l'eau, paroît, à la vérité, fe tirer de l'atmofphere.

§ 138. Une infinité de corps doivent leur folidité & la plus grande partie de leur poids à l'eau : fans elle, l'argille ne feroit qu'une pouffiere ; mais lorfqu'on y ajoute de l'eau, & qu'on la moule & cuit au four, on en fait des vaiffelles de terre, d'une dureté appro-

chante de la pierre : la chaux & le fable s'u-
niffent & forment, au moyen de l'eau, un
corps qui durcit pour bien du temps comme
la pierre : le plâtre ou la pierre appellée plâtre de Paris, calcinée & réduite en poudre
fubtile, devient folide, feche & dure comme
la pierre, en y ajoutant de l'eau : il en eft
de même de toutes les colles, les maftics &
les empois, qui tirent leur ténacité de l'eau
feule.

§ 139. Les bois les plus pefans, les parties
les plus dures & les plus folides des animaux, comme les os, les dents, &c. doivent leur folidité & leur gravité à l'eau : ceci
paroît lorfqu'on les en dépouille ; car ils
perdent plus ou moins de ces propriétés, par
exemple, les cornes, les os & les dents les
plus vieux & les plus fecs des animaux, fourniffent, par la diftillation, une grande quantité d'efprit, fauffement appellé huile : cet
efprit n'eft rien d'autre qu'un fel volatile,
produit du feu & diffous dans l'humidité radicale de l'animal, & lequel, lorfqu'il en eft féparé, ne laiffe que de l'eau ; les parties folides,
ainfi dépouillées de leur humidité, deviennent
légeres & fragiles ; mais fi on les plonge dans
l'eau, elles en abforbent affez pour récuperer
leur premiere cohéfion, folidité & gravité,
ce qui forme une preuve que ces qualités
dependent de l'eau principalement ; & fi ces

corps

corps pouvoient être tout-à-fait dépouillés de l'eau, ce seroit une raison pour préfumer qu'ils ne feroient pas feulement fragiles, comme nous les trouvons, mais qu'ils feroient fans cohéfion, & tomberoient en pouffiere. Il n'eft pas furprenant que les parties élémentaires de l'eau, qui ne font pas feulement d'une extrême ténuité, mais encore dures, folides, pefantes & incompreffibles, immuables, s'attachent fi fortement à certains corps, qu'il eft impoffible, par tout moyen & force, de les en féparer.

§ 140. Il eft probable que l'eau conftitue une partie de tous les fluides, même de ceux qui paroiffent les plus éloignés de fa nature ; car nous voyons que les huiles qui contiennent le principe de l'inflammabilité en fi grande abondance qu'elles font entiérement combuftibles, & abhorrent le mêlange de l'eau, n'en font pas exemptes ; celles même qui font le plus fubtilifées ou exaltées, telles que les effentielles & les efprits ardens, en contiennent beaucoup : ceci paroît 1°. parce qu'elles jettent des flammes lorfqu'elles s'embraffent, ce qui n'arriveroit pas fans l'eau ; 2°. par leur analife, puifque toutes les huiles & les efprits ardens fourniffent une quantité confidérable d'eau.

§ 141. Nous voyons, par-là, que l'eau conftitue en partie une infinité de différens corps, defquels, par fa nature, elle paroît la plus éloignée. Elle eft évidemment le véhicule de la nutrition & accrétion de tous les corps du regne mineral, végétal, & animal. Les pierres précieufes les plus dures n'auroient pu fe former fans elle ; & fon ufage à l'égard des deux autres parties de la création, eft trop connu, pour avoir befoin d'une expofition ultérieure. Il ne faut pas cependant la confidérer tout-à-fait comme accidentelle, mais comme une partie effentielle de prefque tous les corps, & principalement des végétaux & des animaux, dans la premiere formation defquels elle entre, & où il eft très-facile à la démontrer. En ce fens, elle doit être regardée, non-feulement comme un agent univerfel dans la nature, mais comme une tige d'où plufieurs, fi point tous les corps procedent. Delà vient que les anciens Chymiftes ont appellé l'eau, le vin univerfel dont font abreuvés tous les végétaux, animaux & minéraux. La raifon de ceci paroîtra plus clairement, en donnant un coup d'œil très-fuccint fur les effets que l'eau opere fur ces corps.

§ 142. On convient généralement, que tous les corps, même les minéraux les plus folides & les plus pefants, ont été, pour quelque temps, fluides, & qu'ils tiroient de l'eau cet état de fluidité. On trouve une grande variété de foffiles en forme liquide, dans les mines. Si le criftal, dans fa formation, n'avoit été quelque temps liquide, il n'auroit jamais pris une certaine figure déterminée, & nous n'y trouverions pas, comme il arrive ordinairement, de la mouffe & autres petites plantes, ni des filamens de métaux vierges incruftés. Les plus exacts des Métallurgiftes, entre lefquels George Agricola eft le plus éminent, nous affurent qu'on trouve fréquemment dans les mines, les métaux en forme de liqueur faline, groffiere, graiffeufe & pefante, appellée, par les Spargyriftes, auffi-bien que par les Naturaliftes, *Gur* ou *Guhr.* Ils tirent cette forme de la furabondance de l'eau par laquelle ils font delayés ; comme il paroît parce qu'ils fe mêlent alors avec elle, & qu'ils font diffolubles dans l'eau, lorfqu'ils font dans cet état ; & c'eft ainfi qu'on trouve tous les fucs & concretions vitrioliques. De-là nous voyons quelle eft la principale action de l'eau dans la génération, l'accroiffement, la diffolution, le mélange, & dans d'autres changemens qui furviennent aux foffiles en général, & aux métaux en particulier. Selon moi, il paroît que plufieurs doivent leur être à l'eau, auffi-bien que les fecours qui les conduifent enfin à leur diffolution.

§ 143. Les expériences curieufes de Van-helmont, de Boyle, de Woodward & de Hales, demontrent, de plus en plus évidemment, pour combien l'eau concourt à la production, l'accroiſſement & la nutrition des végétaux. La plus pure des eaux, dans l'état naturel, paroît remplie d'une variété infinie, non-ſeulement de ſemences de végétaux, mais encore d'une quantité innombrable d'œufs d'animaux. De plus, l'on a prouvé que, non-ſeulement les plantes les plus ſucculentes & les plus tendres, comme les hyacinthes, les lys, les mentes, les citrouilles, &c. tiroient leur entiere nourriture de l'eau, mais même les arbres, qui ſont d'un tiſſu plus dur & plus compacte.

§ 144. Il eſt évident que l'uſage de l'eau eſt auſſi néceſſaire à tous les animaux, tant terreſtres qu'aquatiques, qu'aux végétaux. Elle n'eſt pas moins le vehicule de la nutrition des uns que des autres ; mais, qui plus eſt, elle s'inſinue également dans la forme de leurs parties les plus ſolides & les plus peſantes, comme nous avons obſervé ci-devant, de ſorte que, ſans l'eau, la nutrion ni l'accroiſſement ne s'effectueroient en aucun ſens.

§ 145. D'ailleurs, ſans ſon ſecours, les fonctions vitales ne ſubſiſteroient pas long-temps dans aucun animal. C'eſt elle qui fournit à tous les animaux, ce fluide flateur, doux, ſubtil & pénétrant, capable de circuler dans les vaiſſeaux de toute leur ſtructure, & même de paſſer par les filtres les plus ſerrés. Sans une portion convenable d'eau, pour tenir toutes les humeurs du corps duement fluides, la circulation & la vie ceſſeroient. Delà, les ſucs d'un corps animal, de quelque conſiſtence qu'ils ſoient, contiennent de l'eau en ſi grande abondance, qu'on trouve qu'elle en conſtitue non-ſeulement leur plus grande partie ; mais encore les ſolides lui doivent leur cohéſion & conſiſtence, & peut-être leur origine, comme il a été obſervé.

§ 146. Tout ceci nous fait voir qu'il n'y a rien de ſi commun dans la nature & dans l'art, que l'uſage de l'eau ; qu'elle eſt la ſource & la nourriture d'un nombre infini d'êtres, & que, ſelon qu'elle eſt dirigée, elle eſt le principal inſtrument de la ſanté & de la vie, ou de la mort & de la deſtruction ; c'eſt à l'eau que nous devons tout ce qui affecte nos ſens : 1°. Par la vue, nous appercevons une infinité de belles couleurs que la nature & l'art nous offrent ; car l'œil eſt un organe admirable, qui repréſente à nos ſens les objets, au moyen des humeurs compoſées, principalement d'eau, ſans leſquelles la cornée perd ſa tranſparence. 2°. L'eau raſſemble, mêle, perfectionne & préſerve les odeurs ; &, quoique les branches des nerfs olfactifs ſoient preſqu'à découvert, elles ne parviendroient pas jufqu'à l'organe, fi la nature prévoyante n'y avoit pourvu, en fourniffant de l'humidité pour lubrifier fes parties, & recueillir ou raffembler les exhalaifons odoriférantes. 3°. Tout corps qui ne contient pas d'eau, ou qui n'en eft pas diffoluble, n'imprime rien à l'organe du goût ; & ceux qui en font diffous très-facilement, font les plus prompts à imprimer quelque chofe fur cet organe : de-là vient que la nature a pourvu fuffifamment la bouche de falive, pour faciliter les animaux à diftinguer les objets plus promptement & plus diftinctement par ce fens ; car une langue feche ne goûte pas plus qu'un œil ou un nez fecs ne voit ni ne fent : c'eft pour cette raifon que ceux qui effaient les liqueurs chaudes, les délaient, pour bien difcerner leurs qualités, qu'ils confient à cet organe.

§ 147. La force des fubftances nutritives, médicamenteufes ou vénéneufes feroit évanouie à l'égard de l'œconomie animale, fans le fecours de l'eau ; & les effets phyfiques des corps, les uns fur les autres, reconnoiffent la même caufe ; car, fi les corps n'étoient pas, ainfi que nous les trouvons, diffolubles dans l'eau, ils feroient fans action, & ne feroient jamais portés à leur deftination dans les corps des animaux, puifqu'ils n'agiffent les uns fur les autres que par cette même raifon ; deforte que, fi les alimens folides n'étoient pas diſſolubles, ils feroient plutôt nuiſibles que nutritifs; & les médicamens & les poiſons n'o-péreroient pas leurs effets. Les ſels cauſtiques ſur la ſurface du corps, ou pris intérieure-ment, feroient ſans effet, s'ils ne ſe diſſol-voient dans l'humidité qu'ils rencontrent. Les ſels de toutes eſpeces ſe mêleroient l'un avec l'autre, ſans mouvement ſenſible, ne fût qu'ils ſont diſſous par l'eau: c'eſt elle qui dé-termine leur mouvement, cauſe leur con-traſte, ébullition & efferveſcence, lorſqu'on mêle certains ſels, ſoit avec ceux d'une na-ture oppoſée, des huiles & des eſprits, ou avec des corps ſolides.

§ 148. En un mot, ſans l'eau, les ſubſtan-ces ſalines, mucilagineuſes, gommeuſes, les corps terreſtres ou métalliques, à plus forte raiſon, feroient indiſſolubles, &, par conſé-quent, une variété infinie d'effets que leur diſſolution produit tous les jours, ceſſeroit. Les corps qui ſont ſans humidité, ſont inca-pables de fermentation ou putrefaction; d'où il réſulte que les ſucs qui ſont le plus diſpoſés à la fermentation ou putrefaction, peuvent en être préſervés, puiſqu'en les deſſechant, ils ſe conſerveront long-temps, tandis qu'en y ajoutant de l'eau, ou en reſtituant leur humi-dité, ils deviennent ſujets à l'une & à l'autre. Par le ſecours de l'eau, pluſieurs corps ſont diviſés & ſéparés, qui reſteroient, ſans elle,

mêlés : c'eſt ainſi qu'on tire le ſel, des cendres
& des autres terres, en évaporant les leſſives
juſqu'à ſiccité, ou juſqu'à la criſtalliſation ;
&, par le même moyen, les huiles, les réſi-
nes, diſſoutes dans les eſprits ardens, peuvent être ſéparées. Cependant l'eau n'eſt pas
ſeulement un inſtrument pour ſéparer certains corps, mais encore pour en unir d'autres, comme on peut le tirer des prémiſſes. Il
eſt clair que, par l'entremiſe de ce fluide,
différentes diſſolutions ſont effectuées, &
que, de la même cauſe, les pierres, les briques
& les vaiſſelles de terre, les os, les cornes, les
écailles des animaux reçoivent leur dureté
& confiſtence, avec la plus grande partie de
leur gravité ; enfin, l'eau eſt un agent très
en uſage en Chymie; car, ſans ſon ſecours, on
n'opereroit pas les diſſolutions, les extrac-
tions, criſtalliſations, précipitations & les
diſtillations humides, qui ſont les principales
opérations. C'eſt par elle & un thermometre,
qu'on meſure, avec facilité & exactitude,
la chaleur, méthode inconnue aux Anciens,
& qu'on détermine les degrés qui ſont entre
le 32me. & celui de la chaleur de l'eau bouillante, ou ſon plus haut degré ; & que, dans
tous les cas, les Opérateurs curieux ſe di-
rigent.

§ 149. Ayant donné cette idée générale de
la nature & des propriétés de l'eau commune,

ne, il n'eſt pas hors de propos d'entrer dans un examen plus particulier de ce fluide, dont l'uſage & le choix eſt de ſi grande importance dans la vie.

Les Eſſais & le Choix de l'Eau ſimple.

§ 150. Par ce point de vue général de la nature & des propriétés de l'eau, il eſt aiſé de concevoir pourquoi & ſur quels principes elle eſt d'un uſage ſi général, & devient univerſellement néceſſaire dans les ouvrages de la nature & de l'art.

§ 151. Mais, comme nous trouvons qu'elle varie à l'infini par ſa faculté diſſolvante & preſqu'illimitée, il eſt à propos de déſigner d'où procede cette diverſité, comment on doit la diſtinguer, quelle eſpece eſt la meilleure pour les principaux uſages.

§ 152. La nature nous enſeigne de bonne heure à diſtinguer les eaux par nos ſens. 1°. Nous ne regardons aucune eau comme pure ou ſimple, à moins qu'elle ne s'offre à l'œil tranſparente ou claire, & ſans couleur : & nous prenons, à juſte titre, pour la meilleure, celle qui, ayant le moins de couleur, eſt la plus claire : de telles eaux, en croupiſſant, ne dépoſent pas de ſédiment. 2°. Toute eau qui n'eſt pas ſans odeur, n'eſt pas cenſée pure. 3°. L'eau ne ſauroit être pure ſans être tout-à-fait infipide, quoiqu'il fe trouve quelques eaux infipides qui font très-éloignées d'être pures ; car la plûpart des eaux terreftres & pétrifiantes font fans goût. 4°. L'eau la plus pure, eft celle qui fait le plus de bruit, en la verfant d'un vaiffeau à l'autre. 5°. La plus pure mouille la plus vîte & un plus grand efpace, fe préfente la plus douce au toucher. Quoique ces épreuves foient les premieres qu'on doit faire fur les eaux, cependant, comme la délicateffe des fens varie dans prefque tous les hommes, nous ne devons pas tout-à-fait nous en tenir à nos fens feuls ; mais nous devons nous en fervir comme pour nous conduire à d'autres effais plus con-cluans.

§ 153. Plufieurs Artifans & Payfans ju-gent, par certains effais, fi les eaux font pro-pres ou impropres à différens ufages : ils les diftinguent communément en eaux dures & douces : les eaux dures font celles qui font chargées de terre, de pierres ou de métal, comme celles de quelques fources, & de la plûpart des puits : les douces font les eaux de pluie, de neige, de quelques fources, de prefque toutes les rivieres, des lacs & des étangs. L'eau dure n'eft pas propre pour ar-rofer les plantes ; mais la douce fertilife la terre, pouffe la végétation, & nourrit les végétaux : c'eft pourquoi les Jardiniers prudens, en défaut d'eau de pluie ou d'eau douce de riviere, expofent quelque temps la dure à l'air & au foleil, pour l'adoucir, en féparant, par ce moyen, les matieres terreftres & autres qui les rendoient ainfi. Les eaux dures ne font pas propres pour laver ou blanchir, braffer, cuire au four, ni bouillir la viande des animaux ou les légumes, parce que, tandis qu'elles font chargées & embarraffées de matieres terreftres & étrangeres, elles ne peuvent pénétrer & diffoudre la connexion des parties de ces corps, ce qui engage les Blanchiffeufes, les Braffeurs, les Boulangers, les Cuifiniers, &c. à choifir l'eau la plus douce pour leur ufage. Les Blanchiffeufes, lorfqu'elles ne peuvent en avoir, connoiffent communément la façon de l'adoucir: elles y infufent, à cet effet, des cendres des végétaux brulés, pour diffoudre le fel alcali, lequel, par une plus forte attraction avec l'acide, après l'avoir dégagé des matieres qu'il tenoit fufpendues dans l'eau, s'unit avec lui jufqu'à faturation, d'où il réfulte une prompte féparation & précipitation des matieres qui empêchoient l'union du favon avec l'eau qu'on appelloit dure.

§ 154. Les eaux dures font les meilleures pour les Bâtiffeurs & les Plâtriers, parce que, leur intention étant de donner de la fermeté & de la ftabilité à leur mortier, ils ajoutent,

au moyen de l'eau dure, de la matiere extrêmement propre à cet effet. Faute d'obferver
cette précaution, nous voyons plufieurs murailles mal cimentées, dont le plâtre s'émie
& tombe en pouffiere, qui auroient été auffi
fermes & d'autant de durée que la pierre, fi
le ciment avoit été fait avec l'eau dure. La
plainte la plus générale eft celle touchant
l'humidité des murailles de nos maifons, principalement de celles bâties dans les grandes
villes, où on néglige ou ignore cette précaution ; car nous voyons fouvent prendre hors
des petits ou des grands canaux des rues, l'eau
chargée d'ordure ou autres matieres propres à
engendrer le nitre, pour bâtir les murailles,
qui ne fechent & ne pourroient jamais fecher.
Je crois même que ceci eft une des caufes
pourquoi le feu fe communique fi aifément
d'une maifon à l'autre dans notre Capitale.

§ 155. L'eau la plus douce eft la meilleure
pour d'autres ufages, comme pour détremper, bouillir les alimens de toutes efpeces,
paîtrir les cornes & les os des animaux, pour
braffer & faire des infufions des végétaux,
pour faire du pain léger, pour laver toutes
chofes, & blanchir le lin.

§ 156. Mais aucun Artifte n'eft auffi exact
que le Chymifte dans le choix de fon eau.
Car fi fon eau n'eft pas pure, c'eft-à-dire,
fi elle contient quelque chofe d'étranger à

ſon but, il ſera trompé ſans reméde, & tom-
bera dans des erreurs ſans fin , puiſque la
réuſſite des élixiviations , des diſſolutions,
des précipitations , lotions, criſtalliſations &
diſtillations, & d'une infinité d'autres opérations, en dépend.

§ 157. Les eaux trouvées les plus pures
dans la nature, ſont celles que nous avons
rangées en ordre au commencement de cet
Ouvrage, ſavoir, 1°. les eaux météoriques
ou atmoſphériques, comme la roſée, la pluie,
la neige, recueillies avec les précautions néceſſaires que nous avons données ; elles ſont
regardées comme le produit d'une diſtillation
naturelle & dont la pureté, (comme dans
celle que l'on obtient par la diſtillation arti-
ficielle) dépend du milieu par où elles paſſent,
& des vaiſſeaux qui les reçoivent. 2°. Les
eaux terreſtres, comme celles des ſources, des
rivieres , &c. ne ſont que des amas des premieres, dont elles different par les corps ſur
leſquels elles ont croupi, ou par ceux qui
compoſent les couloirs par où elles ont paſſé.

§ 158. L'abſurdité d'imaginer qu'il s'en
trouve de parfaitement pures & homogenes,
doit paroître très-évidemment par ce qui a
déja été dit touchant la nature & la propriété
de l'eau ; car, en premier lieu, il eſt difficile
de la dépouiller de l'air , ſans qu'elle ne perde
ſa fluidité, ou qu'elle ne ſe charge de quelque

autre matiere étrangere ; & , fi elle s'imbibe
d'air , elle doit s'impregner de tout ce dont
il eſt chargé, c'eſt-à-dire, des corps terreſtres,
de différentes formes & proportions. Quoi
qu'il en ſoit, comme ces corps doivent être
diviſés en une ténuité inconcevable , pour
être ſuſpendus dans l'air, qui eſt un fluide
très-léger , les eaux qui en contiennent le
plus, ſont trouvées les plus légeres & les plus
pures ; celles dont les interſtices ſont remplis
de corps groſſiers, peſans , ſalins , ou autres
matieres terreſtres, ne contiennent que fort
peu d'air , & ſont plus peſantes. C'eſt pourquoi nous trouvons que la lie alcaline de tartre , appellée, par abſurdité, huile, & l'acide
de vitriol, improprement auſſi appellé huile
de vitriol, n'étant l'un & l'autre que l'eau
ſoulée de différens ſels, ne contiennent que
peu ou point d'air ; de même, on trouve que
les eaux chargées d'autres ſels ou terres ,
comme celles des ſources ſalées ou de la mer,
& celles qui pétrifient, n'en contiennent auſſi
que très-peu à proportion.

§ 159. De-là les eaux les plus légeres reçoivent le plus promptement le mouvement
du feu , & le perdent de même, c'eſt-à-dire,
qu'elles s'échauffent, ſe refroidiſſent ou ſe
gelent plutôt. Il eſt difficile de faire boullir
la lie de tartre ; encore plus difficile de faire
bouillir l'acide de vitriol. Il en eſt de même, à

proportion, des eaux qui font chargées de matiere groſſiere, ſoit ſel ou terre ; & , lorſ-qu'elles ſont une fois échauffées, elles ſe re-froidiſſent très-lentement, & ſe gelent avec difficulté. La vérité de cette derniere obſer-vation eſt connue aux Meuniers & Foulons en Allemagne, qui aiment de mettre, par préférence, leurs machines ſur une ſource ou autres courans qui ne ſont pas reputés pour ſe geler, quoiqu'ils en ignorent la cauſe. J'ai obſervé que ces eaux étoient de l'eſpece la plus pétrifiante ; & la plus remarquable que j'ai vue, eſt celle d'un beau gros ruiſſeau, près d'Aix-la-Chapelle, ſur lequel il y a quel-ques moulins à fouler, conſidérables. Près de Malmedi, il y a une grande ſource, dont on dirige les eaux ſur la roue d'un moulin à moudre les écorces à tanner, pour prévenir la gelée dans les temps durs.

§ 160. Comme l'eau la moins chargée de terre, eſt la plus légere & la plus prompte à ſe mettre en mouvement, elle doit néceſſai-rement être la plus volatile ; donc, ſi on l'ex-poſe à l'air, elle eſt la plus propre à s'évapo-rer ; & dans la diſtillation, elle s'éleve la plus vîte.

§ 161. Non ſeulement on connoît par ces marques, l'eau la plus légère ; mais auſſi par des expériences ſtatiques : car certaines eaux paroiſſent plus légeres ou plus peſantes que

d'autres fur la balance. Mais, pour faire ces
fortes deffais avec plus de foin, il eft néceffaire d'examiner les eaux, en les comparant
dans le même degré de température, de
chaud ou de froid. Car, comme l'eau eft fufceptible d'une raréfaction extrême par la
chaleur, & d'une condenfation confidérable
par le froid, on ne peut rien déterminer de
certain par des expériences hidroftatiques,
fans auparavant établir par le thermomêtre,
les degrés de chaleur ou de froid de l'eau,
dans le temps qu'on fait de telles expériences.

§ 162. L'eau eft donc propre à recevoir
dans fes pores ou interftices de fes parties,
non-feulement beaucoup d'air, mais auffi
une grande variété de fels & autres corps
terreftres, fans que fon volume s'accroiffe
vifiblement ; & celle qui contient le plus
d'air, eft toujours la plus légere, comme
celle qui eft la plus chargée de parties terreftres, & contient moins d'air, eft trouvée la
plus pefante felon la ftatique.

§ 163. Ces effais peuvent fe faire de plufieurs façons. Par exemple, fi l'on prend deux
verres, ou plus, d'égale dimenfion, & qu'on
les rempliffe de différentes eaux fimples, telles que des eaux de pluie, de fource, de puits,
de riviere ou autres, toutes d'un même degré
de chaleur ou de froid, & qu'on les place fous
un grand récipient d'une machine pneumatique,

que, l'eau la plus légere montrera plutôt de l'air, & en laissera échapper en plus grande quantité que la plus pesante ; ainsi l'eau qu'on trouve contenir le plus d'air, peut être dite la plus legere & la meilleure.

§ 164. On peut faire cette expérience aussi par le moyen d'un hidromêtre commun, qui est une machine composée d'une ampoule, au bout de laquelle s'éleve un tuyau rond, quarré ou plat, de la longueur d'environ trois ou quatre pouces, qui sert d'index, où les degrés sont marqués ; &, de l'autre bout, se trouve un poids pour le contrebalancer ou le faire tenir droit dans l'eau. Cette machine peut se faire de métal, d'ivoire ou de verre. Le dernier est le meilleur, parce qu'il se mouille plus facilement, & offre, par consé-quent, moins de résistance en passant à tra-vers de l'eau, qu'aucun autre, de métal po-li, d'os ou de bois. Lorsque cette machine est posée dans quelque liqueur, sa partie la plus pesante s'enfonce, & l'index ou col se tient droit. A proportion de la gravité ou de la légereté de la liqueur, le bulbe s'enfonce plus ou moins, & ce degré est marqué sur l'index. L'eau ou autre liqueur dans laquelle cette machine s'enfonce le plus, est la plus légere ; &, au contraire, celle dans laquelle elle s'enfonce le moins, est la plus pesante. Mais il faut avoir soin, pour comparer deux liqueurs, qu'elles foient chaudes ou froides au même degré, fans quoi les expériences feroient fujettes à des incertitudes, par les raifons que nous avons dites ci-devant. Ainfi l'eau dans laquelle cette machine s'enfonce le plus, au premier degré au-deffus de la gelée, eft la plus legere.

§ 165. On peut auffi comparer, avec exactitude, les eaux, au moyen d'une paire de balances communes & juftes, de la façon fuivante : Il faut prendre une forte fiole de verre, qui contienne environ deux onces, l'entrée de laquelle doit être petite, avec un bouchon bien adapté ; on l'emplira, par immerfion dans l'eau que l'on veut pefer ; puis on preffera fur le bouchon, pour l'enfoncer autant qu'il fe peut, fans violence ; on la laiffera enfuite tranquillement fecher en dehors, pour la pefer ; ceci montrera fenfiblement la différence entre deux eaux, ou plus, de la même température, comparées enfemble ; & celle que l'on trouvera qui pefe le moins, eft la meilleure, parce que c'eft la plus legere qui eft la plus pure.

§ 166. On peut auffi comparer les eaux météoriques avec les eaux terreftres, dans chaque endroit particulier ou faifon, par l'expérience fuivante.

§ 167. Il faut prendre une livre de fel alcali pur & fec, & la divifer en deux parties éga-

les, pour en expofer une à l'air, qui fe diffoudra en abforbant l'humidité qui y eft contenue, de même que la pouffiere & autres
faletés, & on marquera enfuite l'augmentation pour l'évaporer jufqu'à ficcité : qu'on
répete plufieurs fois ce procédé ; & lorfque
le fel fera bien fec, comme auparavant,
qu'on le pefe avec exactitude ; &, s'il y a
quelque augmentation, qu'on la marque.

§ 168. On diffoudra l'autre portion dans
une quantité fuffifante d'eau que l'on veut
comparer à la météorique, en annotant,
avec exactitude, fa quantité, afin que la proportion de cette eau avec celle que l'autre
partie de fel a abforbée de l'atmofphere, foit
foigneufement établie : enfuite on évaporera
cette diffolution, avec le même foin que la
précédente, jufqu'à ficcité, & on répetera
les diffolutions & les évaporations autant de
fois que dans le premier procédé ; le fel étant
feché de même, on le pefera enfuite, & on
marquera exactement fon augmentation : ce
que l'une & l'autre de ces portions de fel auront gagné en poids, elles doivent l'avoir tiré
de l'eau par laquelle elles auront été diffoutes refpectivement, fi les opérations ont été
faites avec foin & propreté. Par la comparaifon, on connoîtra la proportion d'impureté
ou de pureté qu'il y a entre ces deux diffolvans ; car la portion de fel qui fera augmentée

le plus en poids, denotera l'eau la moins pure.

§ 169. Par ce moyen, on peut aussi comparer deux eaux terrestres, de quelle espece qu'elles soient.

§ 170. Cette méthode, pour déterminer la quantité de solides contenus & dissous dans toute sorte d'eau, peut être plus certaine que l'évaporation simple; car il se trouve beaucoup de parties terrestres suspendues & si unies avec l'eau, qu'elles s'élevent avec elle, & se dissipent en vapeurs, mais dont la cohésion avec ce fluide peut se rompre par l'interposition de ce sel, & en être séparée plus aisément, de sorte que l'eau évaporée par cette méthode, est plus pure, parce qu'elle abandonne ses parties terrestres & quelque portion de son acide uni avec le sel alcali.

§ 171. La Chymie n'a pas encore trouvé d'autre moyen pour dissoudre les corps terrestres par l'eau, qu'en y mêlant les sels, sur-tout les acides. Il est vrai que Beckers nous parle d'un esprit volatile minéral, qui est tout-à-fait insipide & ne donne aucune marque d'acidité, propre néanmoins à dissoudre, non-seulement les terres, mais encore les métaux. Cet Auteur savant le découvrit dans l'argille bleue, d'où il en tiroit, dit-il, par la distillation; car il nous apprend que, par la chaleur la plus légere, il monte jusqu'au casque, & que, par un plus grand degré il eft facile à diftinguer ; car il forme, en diftillant, de petites veines en dedans du vaif-feau, femblables à celles de l'efprit de vin.

§. 172. Si l'exiftence de cet efprit, étoit une fois bien prouvée, nous pourrions aifé-ment rendre compte de prefque toutes les impregnations de l'eau avec les fubftances métalliques & autres corps terreftres, qui fe préfentent tous les jours : nous pourrions auffi concevoir d'où provient la vertu méde-cinale de certaines eaux infipides, dont les fources font nouvellement découvertes, & dont l'ufage s'abolit, parce que le temps les rend fans effet. Je ne contefte pas l'exiftence & la qualité de cet efprit ; mais je ne vois pas cependant pourquoi il feroit dépouillé entié-rement du caractere acide. Je conviens qu'il eft extrêmement volatile ; car nous voyons fou-vent qu'il s'envole de l'eau bouillante, & que l'eau en devient laiteufe, en abandonnant la terre qu'il avoit auparavant fufpendue, & qui fe précipite ; nous voyons même qu'il fe diffipe, lorfqu'elle eft en plein air, & qu'il laiffe précipiter la terre, & que l'eau, qui étoit auparavant terreftre & dure, devient fimple & douce. Je conçois auffi très-aifé-ment, que ne pouvant le recueillir fans une certaine quantité d'eau par laquelle il eft dé-layé, il eft rendu infipide ; &, entre autres confidérations, je fuis porté à croire, par la fuivante, qu'il n'eft rien autre que l'acide univerfel, plus pur & plus exalté qu'on ne le tire communément des minéraux ou fubftances métalliques.

§ 173. Les eaux terreftres les plus infipides qu'on puiffe trouver, & qui contiennent quelques parties de terre, ou métalliques, en font feparées par les fels alcalis fixes, ce qui eft expliqué de la maniere fuivante, par les regles de Chymie & de Philofophie naturelle : Les parties terreftres & métalliques étoient diffoutes & fufpendues dans l'eau, par l'intervention d'un être qui avoit une forte attraction avec ces fubftances ; or, il eft connu que ces différentes efpéces d'acides, ont la plus grande attraction avec ces fubftances, & qu'ils diffolvent, en proportion, modification & maniere différentes, tous les métaux, matieres métalliques & terreftres : par conféquent, lorfqu'on introduit de l'alcali dans une telle diffolution ou dans l'eau impregnée de quelqu'une de ces matieres, l'effet eft de rompre la premiere combinaifon, dont il en réfulte une nouvelle, qui s'explique par nos fyfthemes modernes de Chymie & de Philofophie, de cette façon : L'attraction mutuelle que l'on croit proceder des parties fimilaires ou de l'affinité des corps, par exemple, entre les acides & les corps terreftres, avoit caufé une diffolution & une union entr'eux ;

cette union eft rompue en y ajoutant un troifieme, qui a une plus forte attraction avec
l'un des deux corps diffous, qu'ils n'en
avoient enfemble; or, c'eft le fel alcali qui
a la plus forte attraction avec les acides; car
auffi-tôt qu'on l'introduit dans quelques eaux
qui font impregnées de matiere terreftre, elles deviennent troubles, & il fe précipite au
fond une poudre fubtile, que les Chymiftes
appellent, précipité ou magiftere : la caufe
évidente de ceci, eft qu'il fubfifte une plus
forte attraction entre les alcalis & les acides,
qu'entre les acides & les matieres terreftres;
d'où il en réfulte une nouvelle combinaifon
ou fel neutre, compofé de l'union de l'acide
& de l'alcali; &, comme ce mêlange n'eft
plus capable de diffoudre aucun métal, fubftance métallique ou parties terreftres, elles
fe précipitent au fond par leur gravité fpécifique.

§ 174. C'eft par ce principe, que nous dé-
couvrons une grande variété de corps dans
les eaux, par l'addition d'autres, & que l'on
détermine la nature de l'acide qui les avoit
diffous.

§ 175. L'ordre de l'attraction, felon qu'on
la démontre en Chymie, eft le fuivant.

§ 176 1°. Tous les corps métalliques diffous par les acides, principalement par les
acides minéraux, font précipités, en premier

lieu, par les abforbans, favoir, par la chaux,
la craie, les yeux d'écreviffes, &c. & , lorfqu'une diffolution eft chargée de ces terres,
jufqu'à faturation, elle n'a aucune rélation
avec les fubftances métalliques, puifqu'elles
en font précipitées, & que la liqueur eft chargée de ces terres : en fecond lieu, ces terres
font à leur tour précipitées par les alcalis
volatiles ; tels font les fels ou l'efprit tiré du
fang, de l'urine, des cornes de cerf, ou de
quelqu'autre partie animale ; le réfultat de
cette opération, eft un magiftere terreftre
qui fe précipite au fond, & la liqueur n'eft
plus chargée d'abforbant, mais d'une efpece
de fel armoniac, compofé d'un alcali volatile
uni à l'acide minéral ; mais fi c'eft à l'acide du
fel marin que l'alcali volatile eft uni, c'eft un
vrai fel armoniac ; & fi c'eft à l'acide du nitre, un fel qui partage de la nature du fel
armoniac & du nitre commun ; & fi c'eft à
l'acide du vitriol ou l'acide univerfel, un fel
armoniac fecret de Glaubert. 3°. La connexion de ces corps eft rompue en ajoutant
l'alcali fixe qui a une plus forte attraction
avec ces trois acides, que l'alcali volatile :
lorfqu'on mêlange cet alcali avec la diffolution précédente, il s'en forme un mixte avec
l'acide, & l'alcali volatile s'en degage & s'é-
chape dans l'air ; le réfultat de cette union eft
une efpece de fel neutre qui differe, felon la
nature

nature de l'acide, comme le fel armoniac
dans l'obfervation précédente, par exemple,
l'union de l'alcali fixe avec l'acide du fel marin, produit un fel femblable au fel marin;
avec l'acide du nitre, un falpêtre ou nitre ré-
generé ; avec l'acide du vitriol, un arcanum
duplicatum ou tartre vitriolé ; la plus forte
attraction enfin, refte entre l'acide & l'alcali
fixe, & la feconde entre l'acide & l'alcali
volatile, & ainfi du refte.

§ 177. 2°. Mais, pour parler plus particulierement, nous avons déja dit que les métaux, comme les terres, fe diffolvoient par
l'acide minéral, ce qui eft fuppofé l'effet de
l'attraction, dont il y a différens degrés entre
les métaux & acides différens déterminés
par les expériences chymiques ; cette connoiffance tend beaucoup à faciliter nos exa-
mens fur les eaux, & à donner une idée claire
des compofitions & des réfolutions que la
nature & l'art operent continuellement comme, par exemple.

§ 178. 3°. Les métaux les plus nobles,
comme l'or & l'argent, ont moins d'attraction avec les acides capables de les diffoudre, que les métaux les plus vils ; ceux-ci,
moins que les terres abforbantes, & ces terres, moins que les alcalis volatiles ; & les
alcalis volatiles, moins que les fixes : de forte
qu'ils fe précipitent l'un l'autre, felon l'ordre

T

fuivant. L'argent fe diſſout dans l'acide du nitre, communément appellé ſon eſprit ou eau-forte, de même le mercure, le plomb, le cuivre, le fer & le zink, les terres abſorbantes, les alcalis volatiles & les fixes. Si, enfin, à une diſſolution d'argent, delayée par l'eau diſtillée, on ajoute le vif-argent, l'argent ſera précipité, & le vif-argent ſe diſſolvera ; & ſi on ajoute plus de vif-argent que le diſſolvant ne peut en diſſoudre, il ſe formera une concrétion criſtalline, ſemblable à un arbriſſeau, appellé arbre de Diane ou des Philoſophes : ſi à cette diſſolution de vif-argent on ajoute du plomb en lame ou en grain, le vif-argent ſera précipité, & le plomb diſſous : ſi, à cette diſſolution de plomb, on ajoute du cuivre en platine ou fil, le plomb ſe précipitera au fond en forme de poudre blanche, & le cuivre diſſous donnera à la teinture une couleur de bleu-celeſte : ſi à cette diſſolution on ajoute du fil poli de fer, l'acide attaquera le fer, quittera le cuivre, qui ſe précipitera dans ſa forme naturelle : ſi à cette diſſolution de fer, on y préſente du zink en grain ou poli, il ſera diſſous, & le fer précipité : ſi, à cette diſſolution, on préſente une terre abſorbante, elle ſera diſſoute, & le zink précipité ; cette diſſolution terreſtre ſera précipitée par l'alcali volatile, & cet alcali volatile ſera degagé par l'alcali fixe, & s'échapera dans ſa forme originale; deforte que l'acide du nitre récuperant fa propre bafe, formera, par l'é-vaporation, un nitre commun ou falpêtre : l'attraction, enfin, fuit l'ordre invers de ces précipitations & décompofitions que nous venons de donner ; ainfi, la plus forte eft en-tre l'acide minéral & l'alcali fixe ; la feconde, entre l'acide & l'alcali volatile ; la troifieme, entre l'acide & les terres abforbantes ; la quatrieme, entre l'acide & le zink ; la cin-quieme, entre l'acide & le fer, & ainfi du refte.

§. 179. Cet ordre éclaire bien l'attraction qui fubfifte entre l'acide vitriolique & ces corps; & comme il eft le plus commun, & celui dans lequel la plûpart des métaux & des fubftances métalliques, des pierres & des terres, fe trouvent diffous dans les entrailles de la terre, j'en tracerai l'ordre, & démon-trerai les différentes impregnations & décom-pofitions qui en font produites.

§ 180. C'eft à cet acide que nous fommes redevables d'une grande variété de compo-fitions & combinaifons de l'art & de la na-ture. La fubftance avec laquelle il a le plus d'attraction ou d'affinité, eft l'efprit inflam-mable, ou celui duquel les végétaux & les animaux tirent leur qualité huileufe ou com-buftible; les métaux, leur luftre, leur ducti-lité, & malléabilité, &c. car, fans le principe inflammable, ils ne font que chaux, ou, comme les Chymiftes les appellent, des terres fans cohéfion ; & lorfqu'ils l'ont récupéré , ils regagnent leur fufibilité , éclat, ductilité, malléabilité, &c. Lorfque l'acide univerfel & le phlogiftique font très-fubtilifés & fe touchent, ils s'attirent l'un l'autre, & forment cette concrétion qu'on appelle foufre, dans laquelle réfide la premiere & la plus forte attraction.

§ 181. La feconde eft avec les alcalis fixes; & de fon union avec l'alcali fixe minéral , la bafe du fel marin , il fe forme le fel de Glaubert *, ainfi appellé parce que cet Auteur l'a inventé. Cet acide uni avec l'alcali fixe végétal , conftitue le tartre vitriolé , l'arcanum duplicatum, ou le fel polychreft ; car ils ne font tous qu'un, lorfqu'ils font bien purifiés & préparés.

§ 182. La troifieme attraction de cet acide, eft avec l'alcali volatile. De leur union il réfulte une efpece de fel armoniac, que Glaubert a décrit le premier.

§ 183. La quatrieme eft avec les terres, dont il en tient quelques-unes intimement dif-

---

* Ce fel eft commun dans beaucoup d'eaux. Il n'y a pas d'eau purgative où il n'exifte fous une forme ou l'autre. Plufieurs, fi pas la plûpart de nos Ecrivains, le regardent pour le nitre, à caufe de fa figure qui lui reffemble : même le grand Docteur Lifter le prit pour le nitre , quoiqu'en obfervant bien la différence, il lui donna une épithete pour le diftinguer , qui ne fignifie rien ; il le nomme, *Nitrum calcarium*, en quoi bien d'autres l'ont fuivi.

foutes en forme de fel, comme l'alun, tandis qu'avec les autres, & principalement les abforbantes, & fur-tout lorfqu'il eft délayé dans une fuffifante quantité d'eau, il forme une autre concrétion qu'il tient fufpendue tout le temps qu'il refte délayé ; autrement il laiffe précipiter cette fubftance, que quelques-uns appellent felenites, aphrofelenus, & d'autres, fel felenite, par fa reffemblance avec le fel qui fe trouve dans toute chofe, excepté par fa diffolubilité, lorfqu'il eft une fois formé. Il eft plus que probable que le plâtre de Paris, le talc, le verre de Mofcovie, &c. doivent leur origine à cette combinaifon. Plufieurs eaux font chargées de felenites, comme celles de Pirmont, de Spa, &c. & il y en a d'autres qui font impregnées de matieres pierreufes & terreftres : telles font les eaux pétrifiantes & dures : c'eft de cette qualité que l'obftruction des glandes, principalement de la tyroïde, provient : c'eft à elle que l'enflure au-deffous de la machoire, appellée broncocele ou goëtre, doit fa naiffance, laquelle eft très-commune aux pieds des Alpes & d'autres montagnes de la Suiffe, & à ceux qui boivent, en grande quantité, de l'eau de l'aqueduc d'Arcueil à Paris, des puits à Reims, ou trop de pouhon à Spa, où ces eaux fervent de boiffon ordinaire au peuple.

§ 184. Le cinquieme degré d'attraction de cet acide, est avec le fer : c'est de l'attraction avec l'acide universel, que vient l'aptitude de ce métal à se rouiller dans l'air ; c'est par cet acide que ces concrétions en forme d'ardoises, qu'on trouve autour des mines, principalement des mines de charbon, se reduisent en poussiere qui a un goût austere, subacide, ou vitriolique, contenant du fer, & que le vitriol de fer, ou la couperose verte est formée. De l'union de cet acide avec le fer & l'esprit inflammable ou phlogistique, résulte cette concrétion que les Grecs appellent pyrites, qui est la pierre à feu, appellée ainsi à cause que, lorsqu'on la bat, elle donne du feu comme le flin, ou lorsqu'on la met en tas elle s'échauffe & se calcime : l'analyse chymique nous montre qu'elle est composée de soufre, de fer & d'une grande abondance d'acide. L'acide de vitriol concentré, attire l'humidité de l'air, qui excite une telle agitation & trituration des parties, que cette concrétion en contracte une chaleur, & allume le principe inflammable ; d'où on peut conclure que le pyrites devient la cause principale, si pas la seule, de la chaleur & des feux souterrains, & que c'est par ce moyen, que quelques eaux font échauffées, d'autres seulement impregnées, d'autres chauffées & impregnées en même-temps, comme il en fera parlé plus amplement en traitant des eaux minérales.

§ 185. Le sixieme degré d'attraction est avec le cuivre. Ce métal est dissoluble par tous les sels, il est de même par cet acide, avec lequel il forme l'*ærugo*, ou le verd-de-gris naturel, le vitriol bleu & autres concrétions semblales qu'on trouve dans les mines; il y a beaucoup d'eaux impregnées de cuivre par l'entremise de cet acide, comme on en voit dans différentes mines de la Hongrie, & de l'Allemagne, & dont il s'en trouve une en Irlande, de laquelle le cuivre est séparé par le moyen du fer.

§ 186. La derniere attraction est avec les métaux nobles; mais, comme il ne les dissout pas sans quelque procédé particulier de l'art, que la nature n'imite pas, il est inutile d'en parler plus amplement.

§ 187. Nous avons montré ici les corps qui font le plus vraisemblablement dissolubles dans l'eau au moyen de cet acide, & comment la dissolution s'en opere. Maintenant, renversons cet ordre, & voyons-en le résultat, pour montrer en partie comment on peut les découvrir & les séparer, ce qui servira à prouver une partie de notre regle.

§ 188. Commençons avec un des plus purs & plus parfaits des métaux. Si on dissout de l'argent dans l'acide du nitre, il sera précipité par l'acide du sel en forme de magistere, lequel mis en fusion & refroidi, devient une substance qui tient de la nature de la corne, appellée *Luna cornua.* Il peut aussi être précipité par l'acide du vitriol. Si, à ce magistere ainsi précipité, on ajoute de nouveau une suffisante quantité de cet acide, il en sera diffous, & on obtiendra ainsi une diffolution de l'argent par l'acide vitriolique *.

§ 189. Si, dans une pareille diffolution, ou dans la premiere, on plonge des platines minces ou du fil de cuivre, l'argent sera précipité en grains blancs & brillans, à proportion que le cuivre est diffous par l'acide, & prend la place de l'argent : ce procédé donne une diffolution de cuivre, & produit le vitriol bleu, par la cristallisation, lorsque l'on s'est servi de l'acide de vitriol.

§ 190. Si, à cette diffolution de cuivre, on présente du fer en fil ou en platines minces, ce métal sera diffous par cet acide, qui abandonnera le cuivre, desorte qu'on peut tirer ainsi le cuivre naturel de toutes les eaux qui en font impregnées, ce qui a passé pour une transmutation, parce que, si le cuivre est bien délayé, le cuivre ne se trouvera pas seulement dans la place du fer, mais il formera une piece semblable au fer. Cette erreur, comme bien d'autres, provient de ce

* *Sthal de Vitriol. elog.*

que

que l'on n'eft pas affez verfé dans la Chymie ;
car ce n'eft qu'une précipitation du cuivre,
& une diffolution du fer, felon les principes
que nous avons donnés, puifqu'en évaporant
la diffolution d'où le cuivre a été précipité,
le fer fe trouve en forme de couperofe, fi la
diffolution a été faite avec l'acide de vitriol.
Cet avis peut être utile à ceux qui travaillent
les mines de cuivre en Irlande, qui jettent
leurs eaux impregnées de fer, comme ils faifoient, il n'y a pas long-temps, celles chargées de cuivre.

§ 191. Si l'on ajoute à cette diffolution de
fer, du zink en grain, l'acide quittera le fer,
& diffoudra le zink, & donnera du vitriol
blanc ou couperofe, de même que la précédente en a donné du verd, fi la diffolution a
été opérée par l'acide vitriolique.

§ 192. Si, à cette diffolution bien délayée,
l'on ajoute des terres abforbantes, l'acide
abandonnera le zink, & diffolvera la terre ;
mais, fi l'on s'eft fervi de l'acide de vitriol,
& que la diffolution ne fût pas bien délayée,
il fe formera en même temps le felenites &
un précipité ; & cette eau fera dure & pétrifiante.

§ 193. Si, à cette diffolution de terres abforbantes, ou à des eaux chargées de matiere
femblables & dures, on ajoute un alcali volatile, elles deviennent opaques & laiteufes ; les

matieres terreſtres ſe précipitent auſſi-tôt ;
l'eau reſte impregnée de ſel armoniac, ſecret
de Glaubert, qu'on peut tirer par la criſtalliſation.

§ 194. Si, à cette diſſolution de ſel armoniac, on ajoute un alcali fixe tiré du regne
minéral, il s'unit avec l'acide, avec lequel il
a une plus forte attraction ; & l'alcali volatile récupérant ainſi ſa liberté, s'envole ; &
l'union de l'alcali fixe avec l'acide, forme le
ſel de Glaubert, le nitrum calcarium de Liſter
& d'autres.

§ 195. Si, à cette diſſolution de ſel neutre
ou à une diſſolution de ſel epſom, ou de
Glaubert, on ajoute un alcali fixe tiré du
regne végétal, l'alcali fixe minéral ſera précipité en forme de magiſtere blanc, appellé
la magnéſie blanche des boutiques ; cette
précipitation arrive, parce qu'il y a une plus
forte attraction entre cet acide & l'alcali
fixe végétal, qu'entre le minéral. Cette liqueur dépouillée de la magnéſie blanche,
contient un ſel neutre d'une autre eſpece,
lequel, par l'évaporation, donne des criſtaux
appellés tartre vitriolé, arcanum duplicatum,
ou ſel polychreſt. Cette méthode montre la
maniere de faire de telles compoſitions, & le
degré d'attraction ou d'affinité que ces ſub-
tances différentes portent l'une à l'égard de
l'autre. D'ailleurs rien ne peut plus contri-

buer à la vraie connoiſſance de la nature de toutes ſortes d'eaux, que d'être parfaitement verſé dans ces regles, qui cependant, au premier coup d'œil, peuvent avoir paru, en quelque façon, étrangeres à notre ſujet. Je dois, à préſent, prouver ma premiere poſition, à l'egard de l'attraction entre l'acide & le principe phlogiſtique.

§ 196. Le dernier ſel neutre dont nous venons de parler, paroît compoſé d'un alcali fixe végétal pour baſe, & de l'acide vitriolique, de même que le penultieme paroît compoſé du même acide, & d'un alcali fixe minéral pour baſe. A préſent, ſi à ces deux ſels, on ajoute une ſubſtance qui ait une plus forte attraction ou avec l'alcali, ou avec l'acide, qu'ils n'en ont entr'eux, il en réſultera une décompoſition ou deſunion, & il s'en formera un troiſieme compoſé, qui différera des deux autres : ceci ſe fait en fondant le ſel de Glaubert par lui-même, ou le tartre vitriolé, en y ajoutant un peu de ſel alcali fixe ; car il n'eſt pas fuſile de lui-même. Si à l'une ou l'autre de ces deux en fuſions, on ajoute quelque corps végétal ou animal brulé dans un vaiſſeau ſi bien bouché que l'air n'y puiſſe avoir accès, comme, par exemple, ſi l'on ajoute du charbon de bois, qu'on les fonde enſemble, & qu'on les conſerve pour un temps bien couverts ; l'acide univerſel quittera ſa

bafe alcaline, attirera & s'unira avec le phlogiftique, & compofera ainfi une autre efpece
de corps, qui eft le foufre. Ainfi, en verfant
de l'eau fur la maffe noire ou d'un brun foncé, qui eft le réfultat du mélange & de la fufion de ces fels neutres avec des corps remplis du pur principe inflammable, comme le
le charbon, &c. il fe formera une diffolution
de foufre, par l'entremife du fel alcali, qui
eft le feul agent qui puiffe le rendre diffoluble dans l'eau. C'eft de cette façon & non
pas autrement, que l'eau peut s'impregner
de foufre; car elle ne peut pas fe charger
de foufre en fubftance & en forme, fans l'in-
terpofition d'un alcali, d'où paroît l'abfurdité de ceux qui foutiennent l'exiftence ou
la diffolution du foufre dans les eaux où
il ne fe rencontre aucun fel, ou feulement
un fel neutre, & non pas d'alcali. Ceux qui
cherchent le foufre dans les eaux où un acide
pefant prédomine, doivent paroître encore
plus inconféquens par les réflexions fuivantes, qui prouvent, en même-temps, que le
foufre eft formé par l'union de l'acide & du
phlogiftique.

§ 197. 1°. La maffe dont nous venons de
parler, fent très-fort le foufre, quoique chaque ingrédient, avant cette mixture, fût
fans odeur.

§ 198. 2°. Elle devient humide & fe diffipe,

en partie, dans l'air, se dissout même dans l'eau, en lui imprimant une couleur jaune, une forte odeur, & un goût amere, avec la qualité de teindre l'argent, premierement en jaune, & enfin en toutes sortes de couleurs.

§ 199. Si, à cette dissolution purifiée en la filtrant, on ajoute quelque acide, jusqu'à saturation du sel alcali, qui est en liberté, parce que l'acide l'a quitté, pour s'unir au phlogistique, je dis, si à une pure dissolution de cette masse dans l'eau, on ajoute un acide quelquonque, le sel alcali en sera rassasié, & deviendra neutre; & à proportion que cet effet-ci arrive, la liqueur devient incapable de suspendre le soufre qui est dissous : de-là vient qu'il se précipite en forme de poudre blanche, appellée magistere, lait ou précipité de soufre. Ce précipité desséché & mis en fusion, forme le soufre commun. Le soufre n'est dissoluble dans aucun fluide, excepté dans l'huile, à moins qu'on n'y interpose un alcali; & ce dernier étant fondu avec le soufre, donne une substance analogue au foie de soufre, appellé ainsi à cause de sa couleur qui réssemble au foie. Il est dissoluble dans l'eau, de même que le soufre cru dans l'eau de chaux, ou dans une lie alcaline quelconque. Cette méthode est la seule connue, par laquelle le soufre en substance puisse se dissoudre dans l'eau ; & cette diffolution fe détruit, le foufre en eft précipité par l'acide de toute efpece, comme ci-deffus.

§ 200. De la fection 197. 198. & 199. nous pouvons, avec autant de verité que raifonnablement, conclure que le foufre eft formé par ces moyens ; que d'indiffoluble qu'il étoit, il eft rendu diffoluble dans l'eau de cette maniere ; que par les acides, il en eft précipité, & conféquemment qu'il ne peut fubfifter dans l'état de diffolution, dans aucune eau fimple, encore moins dans une eau neutre, & le moins de tout, dans celles ou quelque acide prédomine. Par quelle maniere le foufre eft contenu & trouvé dans les eaux d'Aix-la-Chapelle ; pourquoi il y en a, & qu'il ne peut pas y en avoir dans celles de Bath, contre l'opinion reçue, il fera expliqué en traitant de ces eaux. En attendant, établiffons ici comme un axiome, que le foufre n'eft pas, de fa nature ou par lui-même, diffoluble dans l'eau, & qu'il n'en peut être diffous par aucun autre moyen connu, que par les fels alcalis ; deforte qu'ainfi diffous, il eft précipité par toutes chofes qui tendent à rendre l'alcali neutre, & principalement par toute prééminence d'acidité, de quelle efpece qu'elle foit.

§ 201. L'eau, au moyen des acides, peut, comme nous trouvons très-fouvent, être

impregnée d'une extrême variété de minéraux , de métaux , de substances métalliques, de pierres & de terres , en proportion
& manieres différentes , sans qu'elles impriment rien de sensible aux sens ; elles peuvent passer , par cette raison , pour simples
& pures. Mais il est aisé de se détromper par
les regles que nous venons d'établir. Ainsi
tous les corps dissous dans l'eau , par le
moyen de l'acide , peuvent en être précipités
& découverts par les alcalis. Tandis qu'au
contraire , ceux qui sont dissous dans l'eau
par les alcalis, sont précipités & reconnus par
le moyen des acides.

§ 202. Différens fossiles dissous par les
acides , peuvent être précipités par d'autres
acides ; ainsi, quoique par différens artifices ,
l'argent puisse être dissous en proportion, par
les acides vitrioliques ou de sel marin , cependant l'un ou l'autre de ces acides , versé
goutte à goutte , dans une dissolution d'argent , operée par l'acide du nitre , qui est son
propre dissolvant , causera une précipitation
de ce métal en nuage blanc , qui formera un
sédiment grumeleux. De-là cette dissolution
de l'argent est en usage pour les expériences
sur les eaux ; car si on la verse par gouttes dans
quelqu'eau pure , elle ne cause point de changement , comme il a été ci-devant observé ; *

* § 178.

mais fi c'eft dans une eau chargée d'acide vitriolique ou d'acide de fel, ou de fel en fubftance, il fe fait d'abord un nuage bleuâtre ;
&, dans l'inftant, il paroît un précipité blanc.

§ 203. Ceci eft vrai de même à l'égard du
vif-argent, qui fe diffolve difficilement dans
l'acide du fél & du vitriol, mais promptement dans celui du nitre ; néanmoins une diffolution operée par le dernier acide, eft précipitée par le fel marin & fon acide, auffi-
bien que par les différentes fubftances dont
nous avons fait mention dans les regles précédentes. De-là vient qu'on s'en fert dans la
même intention, que de celle de l'argent,
dans l'effai fur les eaux.

§ 204. Le plomb diffous dans l'acide du
nitre ou dans le vinaigre diftillé, eft également
précipité par les eaux chargées de ces acides,
auffi-bien que par les terres abforbantes ou
les alcalis. De-là vient que ces diffolutions,
fpécialement la derniere, font employées pour
les mêmes intentions que la précédente. Ce
que nous venons de dire, § 202, 203 & 204,
peut être regardé comme des exceptions des
notions ordinaires de l'attraction entre le diffolvant & la matiere à diffoudre ; car, quoique
le vif-argent, l'argent, le plomb, le regule
d'antimoine, l'étain n'aient point une fuffifante attraction avec l'acide du fel marin,
lorfqu'ils font dans leur entier, pour en être
parfaitement

parfaitement diffous , cependant , lorfqu'un
d'eux eft premierement divifé ou diffous par
un autre diffolvant , il attire à l'inftant & eft
attiré par l'acide du fel , duquel on ne peut le
féparer par un autre acide , d'où cette attraction doit paffer pour la plus forte ; ainfi ,
le vif-argent diffous dans quelqu'autre acide ,
en lui prefentant celui du fel marin , quitte
le premier , s'unit & fe fublime avec l'acide
du fel marin ; l'argent & le plomb diffous
dans les autres acides , font précipités par celui du fel marin , non qu'ils deviennent des
magifteres parfaits , mais une fubftance volatile & fufile , appellée *luna cornua* ou *faturnum cornuum* , parce qu'elle reffemble à la
corne.

§ 205. Des regles & des obfervations précédentes , on peut tirer des méthodes utiles
pour examiner les eaux. Suppofons , par
exemple , que nous vouluffions prouver la
pureté , ou reconnoître la compofition de
quelqu'eau : après l'avoir comparée à l'eau la
plus pure que l'on puiffe procurer , par la
méthode indiquée § 91, 93. (1.) *& feq.* par
la balance , l'hidromêtre , la machine pneumatique , ou la diffolution du fel alcali , par
l'air & par l'eau , nous procederons par des
expériences ultérieures , fondées fur les principes de la diffolution & de la précipitation ,
que nous avons ci-devant donnés , & nous en

X

prendrons quelques-unes tirées de l'art de la teinture, par lefquelles, comme les plus fimples, nous pouvons commencer. Nous déterminerons, par ces expériences, premierement les effets que produifent dans l'eau fimple les différentes matieres de la teinture; 2°. ceux qu'elles produifent avec les eaux qui font diverfement impregnées d'acides, de fubftances métalliques, ou de mineraux, de terre abforbante & d'alcali, ayant fur-tout foin d'en marquer les différences, & d'en examiner les caufes, auffi-bien que les effets.

§ 206. (1°.) Les expériences chymiques nous apprennent que toutes les fleurs bleues des végétaux, ou leur jus, qui donnent la couleur, ne reçoivent point d'autre changement que celui qu'opere la détrempe, en les mêlant avec l'eau fimple & pure, au lieu qu'avec les acides, ils font changés en rouge, & avec les alcalis & les terres abforbantes, ils prenent la couleur verte.

§ 207. A cette regle générale, il fe trouve néanmoins quelque exception. Quelques acides chargés de certaines terres abforbantes, tel que l'acide vitriolique, chargé de la terre qui produit l'alun, de certains métaux ou fubftances métalliques, comme le fer & le plomb, par le vinaigre diftillé, les changent en verd; ce qui n'arrive pas lorfque les mêmes matieres font diffoutes dans l'acide du nitre. C'eſt pourquoi il ne faut pas s'en tenir à ces expériences des fleurs bleues, qui changent en verd le jus ou l'infuſion, avant de les avoir confirmées par des épreuves collatérales.

§ 208. Si, par exemple, en mêlant avec quelqu'eau le ſyrop de violette, elle ſe change en verd, nous ne devons pas conclure que ce changement eſt l'effet d'un alcali, juſqu'à ce que nous ayons éprouvé une portion de cette eau avec l'alcali. Car, ſi c'eſt un alcali qui cauſe la couleur verte, en ajoutant un alcali à l'eau, il ne s'y fera pas de changement, ſi, au contraire, il en reſulte une commotion ou précipitation d'une ſubſtance métallique ou terreſtre, qui en étoit la vraie cauſe.

§ 209. 2°. Cette ambiguité s'éclaircit en partie par le jus de tourneſol, ou le papier qui en eſt teint en bleu ; cette couleur eſt changée par les acides en rouge pâle, mais conſervée, relevée, reſtaurée, par les alcalis. De-là nous concluons qu'une eau qui n'apporte point de changement au ſyrop de violette, n'eſt ni acide, ni alcali ; que celle qui change le ſyrop de violette ou le tourneſol en rouge, contient un acide, & que celle qui change le ſyrop de violette en verd & exalte la couleur de tourneſol, la change en la retabliſſant de rouge en bleu, eſt impregnée d'alcali.

X ij

§ 210. 3°. Les rofes rouges fechées donnent à l'eau pure une couleur rouge pâle ou de vin de Bourgogne. Cette couleur eft très-exaltée par les acides, fpécialement par les acides minéraux en certaine proportion & particulierement par l'acide de vitriol, au lieu quelle change en un jaune pâle, ou verd de fleur de noyer, avec les alcalis; & avec les diffolutions de fer, elles produifent un compofé de teinture bleuâtre & jaune, comme une efpece d'olive obfcure. L'on peut ajouter à cette claffe, les jus ou fyrops des fleurs rouges, telles que les pavôts, cloux de girofle, &c. les jus deschoux rouges, d'une forte d'ofeille rouge, des beteraves, & leurs femblables, qui ne font pas alterés ou augmentés en couleur par les acides, mais qui font changés en verd par les terres abforbantes & les alcalis.

§ 211. 4°. La rhubarbe donne à l'eau pure, une teinture d'un jaune brillant, que les acides rendent, pour ainfi dire, plus pâle, mais que les alcalis rendent d'un rouge foncé; tandis que les diffolutions de fer produifent la même couleur dans cette infufion, que dans celle de rofe.

§ 212. 5°. Le bois de campêche donne à l'eau pure, une couleur rouge brillante, ou de vin de Bourgogne foncé, qui augmente par les alcalis, jufqu'à un fort cramoifi; par

le vitriol bleu, elle devient un pourpre foncé ; & par le vitriol verd, elle prend le bleu
de mazarin ; toutes ces couleurs font effacées
par les acides ; & le rouge brillant devient un
peu tanné.

§ 213. 6°· La cochenille eſt un inſecte qui,
par les moyens de l'acide du nitre & l'étain,
produit la teinture de l'écarlate moderne, &
d'où on tire ce beau rouge, ou fard appellé carmin. Les teinturiers judicieux, avec
cette drogue, choiſiſſent l'eau qui leur eſt la
plus convenable. Dans l'eau pure le carmin
donne un haut rouge, tendant au cramoiſi,
qui eſt exalté par les alcalis, & porté juſqu'à
l'écarlate par les acides ; & ſi ces eaux contiennent quelques ſubſtances métalliques ou
terres abſorbantes, la matiere qui les colore
eſt précipitée.

§ 214· 7°. L'écorce de chêne, les feuilles,
ſon jus ou ſes excreſcences, & tous lesaſtrin-
gens végétaux, ne donnent que leur couleur
naturelle à l'eau pure. L'alcali rend de telles
infuſions troubles, en cauſant une eſpece de
précipitation des abſorbans ou aſtringens,
ou matieres terreſtres qui appartiennent aux
ſubſtances de ces végétaux diſſous dans l'eau,
à laquelle il donne quelques nuances de verd,
étant repoſée. L'acide, au contraire reſtreint
la teinte, excepté dans les fleurs rouges ; &
même dans quelques-unes, il l'a précipite ou

l'a détruit. Les diffolutions du fer dans les vitriols, &c. fouffrent cette efpece de précipitation, par cette terre très - fubtile, ftip-
tique, qui produit un bleu ; ou lorfque la
teinture & la diffolution font trop fortes,
elle eft élevée au haut bleu, qui eft le noir,
& que nous appellons encre. Par-tout où il
y a quelque nuance de cette couleur, par
l'infufion d'un aftringent végétal, nous pro-
nonçons que cette eau eft ferrugineufe ;
qu'elle a de l'acier ou du fer ; ce qui nous conduit à des expériences ultérieures fur ce chapitre. Cette couleur eft tout-à-fait detruite
en remettant en un état de diffolution, par
le moyen de quelque acide, les matieres précipitées, qui donnent la couleur, favoir, la
terre végétale, aftringente, & le fer. Et fi l'on
détruit ou foule cet acide par un alcali, la couleur noire eft rendue, non pas fi parfaite,
parce qu'elle eft plus compofée par cette
feconde précipitation du fer, caufée par
l'alcali.

§ 215. 8°. Les fels alcalis volatiles & fixes,
liquides ou folides, ne donnent aucun changement ; ils font feulement mêlés & diffous
dans notre eau pure. Mais dans celle chargée
uniquement d'acide, il s'élevera une ébullition & effervefcence par les fels fecs, fpecia-
lement, dans les eaux chargées, aux moyens
des acides de quelque foffile, il en réfultera

une précipitation, & par l'examen, la matiere sera reconnue, & le sel neutre qui en
résulte demontrera lequel acide, avoit formé
cette diffolution.

§ 216. 9o. Si l'eau contient du cuivre, les
alcalis volatiles n'auront pas plûtôt raffafié
l'acide qui le tenoit en diffolution, qu'ils fai-
firont & diffolveront le cuivre, en produifant une belle couleur de faphir.

§ 217. 10°. Les favons fervent à prouver
la pureté & la qualité de l'eau*. Ils fe diffolvent
promptement & également dans l'eau pure ;
mais dans les eaux dures & fort chargées,
ils ne fe diffolvent que lentement & difficilement ; &, bientôt après, fe féparent en coagu-
lations grumeleufes, parce que l'acide, dans
l'eau, attire plus fortement l'alcali, que l'huile
ne faifoit dans le favon : d'où s'enfuit la décompofition du favon, c'eft-à-dire, que l'alcali quitte la graiffe ou l'huile dans le favon,
pour s'unir avec l'acide dans l'eau, avec lequel, après avoir féparé & précipité les matieres terreftres, il forme un fel conforme à
l'efpece de l'acide, comme il a été expliqué
ci-devant¶. Je choifis, pour faire ces expériences, une diffolution de favon faite dans
le brandevin, qui fe mêle avec l'eau, fans
cette commotion occafionnée par le feu ou
par l'agitation, qui eft néceffaire, mais qui

* § 101. ¶ § 176. 181.

pourroit beaucoup alterer la nature de l'eau avant que le favon fût diffous de la maniere propre à faire l'écume.

§ 218. 11°. Quelques-uns fe fervent de ce que nous appellons improprement *oleum calcis*, huile de chaux, pour effayer les eaux : c'eft une diffolution de chaux ou de craie dans l'acide du fel marin. Elle peut auffi fe faire avec l'acide du nitre ; mais nous trouvons qu'elle caufe du changement à bien peu d'eau, par les regles précédentes ; & nous obfervons qu'elle eft elle-même décompofée par les alcalis. Ainfi qu'elle précipite les métaux dans quelques fortes diffolutions, elle eft précipitée en forme faline ou celle de felenites, par l'acide vitriolique.

§ 219. 12°. Si nous trouvons par les effais précédens, § 206. 1. 209. 2. que l'eau contienne quelque fubftance alcaline, nous l'effayerons avec les acides. S'il en réfulte une ébullition, nous ferons fûrs que nous avons deviné jufte ; & nous jugerons, par le fel qui réfulte de cette faturation quelle efpece de matiere alcaline elle contient, § 176. 181. ; car nous commençons ces experiences avec les acides végétaux temperés, fimples, comme le jus d'orange & de citron, &c. ou par les fermentés, comme le vinaigre, fimple ou diftillé. De ces acides nous montons par gradation aux plus forts, c'eft-à-dire, aux

mineraux ,

minéraux, tels que les acides du fel marin, du nitre & du vitriol. De forte que, fi nous trouvons qu'un acide temperé caufe une ébullition, nous pourrons conclure qu'un plus fort la caufera. Ces acides font les plus propres pour déterminer la nature du fel contenu dans l'eau, parce que les effets de leur combinaifon avec les fels alcalis, font les mieux connus, & les plus aifés à démontrer, malgré, cependant, que le fel produit par l'union des alcalis fixes avec le vinaigre, foit connu, non-feulement parce qu'il eft feuilleté, d'où on l'appelle, par caprice, *terra folliata tartari*, terre feuilletée de tartre, & vainement, dans nos boutiques, *fal diureticus*, fel diuretique, mais encore par fa fufibilité, volatilité, & propriété à fe liquifier dans l'air; qualités qui le diftinguent de la plûpart des fels neutres, & qui font d'un degré inférieur dans ce fel préparé avec l'alcali minéral, qu'avec le végétal; & que de même, on connoît le fel produit par la faturation d'une eau alcaline avec une diffolution de tartre, par fa diffolubilité & la figure de fes criftaux, lorfqu'ils ont quelque analogie au *tartarus tartarifatus* ou *folubilis*, fel qui eft compofé d'un alcali fixe, raffafié de crême ou de criftaux de tartre.

§ 220. 13°. Une diffolution d'alun par l'eau fimple, eft auffi d'ufage dans l'examen des eaux compofées. L'alun confifte en une terre abforbante, particuliere, diffoute par l'acide univerfel ou l'acide vitriolique. Si on l'ajoute à l'eau pure, il ne fouffre d'autre changement que celui qui eft produit par une diffolution. Mais fi l'eau contient quelque chofe qui ait une plus forte attraction avec l'une ou l'autre des parties qui compofent l'alun, qu'elles n'en ont l'une à l'égard de l'autre, il en réfultera une defunion de fes parties, & une nouvelle combinaifon fera produite, lefquelles, étant examinées à part, nous donnent une connoiffance de la compofition de l'eau. Par exemple, fi, en verfant goutte à goutte une diffolution d'alun dans l'eau, il fe forme une nuée blanche & une précipitation, il faut continuer d'en verfer jufqu'à ce qu'il ne fe forme plus de nuage ni précipitation; alors il eft à préfumer que la faturation eft complette; & le précipité étant féparé, on trouvera, après l'examen, que c'eft la terre de l'alun dont l'acide vient de former cette concrétion qu'il produit avec les fels alcalis, § 194, 195. Mais il faut fe reffouvenir, que dans certains cas, les acides forment une telle précipitation, quand la diffolution eft métallique. Ainfi les diffolutions de vif-argent & de plomb font précipitées par l'acide vitriolique de l'alun. Ces précipités font à diftinguer du premier par ceci, en ce que celui de l'argent se fond promptement, & qu'il s'envole aussi-tôt, si on le laisse sur le feu. Si, au contraire, on l'expose au froid, il donne une substance de corne, appellée *luna cornua*; le précipité de plomb donne quelque chose de semblable; & tous les deux reprenent leur premiere forme, ou métallique; l'un, par une fusion avec le savon noir; & l'autre, par l'addition d'un peu d'huile ou de graisse, ou de poussiere de charbon, parce que, par cette fusion, ils recuperent leur phlogistique, ou principe inflammable, & de-là leurs propriétés métalliques, qu'ils avoient perdues dans la dissolution.

§ 221. 14°. Les dissolutions métalliques dans des acides différens, peuvent toutes contribuer à l'examen des eaux simples, de même qu'à celui des eaux minérales, sur les principes d'attraction ou d'affinité, que nous avons posés ci-devant, selon leur ordre*.

§ 222. 15°. Le vif-argent dissous dans l'acide du nitre délayé dans l'eau purifiée, ou la dissolution évaporée jusqu'à siccité, ou jusqu'à cristallisation, & la masse seche ou les cristaux dissous dans de l'eau distillée, en marquant exactement la proportion dans une quantité donnée de fluide, est un secret des plus vantés, & fait des gouttes très-fameu-

* § 175, 176, 177. & seq.

fes d'un de nos Charlatans du premier ordre,
comme on peut le prouver par l'expérience
fuivante.

§ 223. 16°. Par les différens degrés d'attraction, obfervés entre d'autres corps &
l'acide nitreux, plus grande qu'entre cet acide
& le vif-argent, l'on peut juger aifément combien de différentes fubftances, fufpendues
dans l'eau, peuvent caufer fa précipitation,
en y ajoutant fa diffolution, § 178. 3. Le vif-
argent, en cette forme-ci, eft précipité, non-
feulement par les différens métaux & fubftances métalliques énoncés dans la fection citée ci-deffus, mais auffi par les terres abforbantes, les alcalis volatiles & fixes, foit minéraux ou végétaux, & particulierement par
le fel marin & fon acide. D'où il s'enfuit que
les eaux chargées de ces fubftances doivent
précipiter le mercure dans une telle diffolution, toutes les fois qu'on y en verfe. Mais
elles produifent différentes couleurs qui les
diftinguent: dans les eaux ferrugineufes, lorfqu'on en verfe, la couleur eft d'abord blanche, & change fubitement en couleur de
citron ou en un jaune plus foncé. Le même
effet eft produit par les eaux chargées, au
moyen de l'acide vitriolique, de terres fimple-
ment abforbantes ou d'alcalis fixes. Dans celles qui font chargées de terre abforbantes &
de quelque fel lixiviel ou muriatique, l'on y

voit des nuances ou filamens d'une couleur
jaunâtre pâle : dans les eaux qui contiennent
un alcali volatile pur, il paroît un sédiment de
couleur cendrée ; dans celles chargées d'un
alcali fixe, un jaune brouillé ; avec les eaux
chargées de pur sel marin, un beau précipité
blanc, ou plutôt une espece de cristallisation ;
car l'acide du sel marin uni avec celui du nitre forment ce composé appellé *aqua regia*,
eau regale, parce qu'elle est le seul dissolvant
de l'or, le Roi des Chymistes, ou l'idole de
la plûpart des humains, de quelque secte ou
religion qu'ils soient. Cette liqueur est incapable de dissoudre le mercure. De-là les
particules auparavant dissoutes, attirant &
étant attirées par l'acide muriatique, forment
ces petits cristaux qui font dissolubles dans
l'eau, &, par conséquent ne forment pas
un vrai magistere ou précipité. La base alcaline du sel marin peut contribuer, en quelque chose, à la formation de cette espece
de précipité, comme on l'appelle. Cette dissolution de vif-argent donne un précipité
d'une couleur de citron pâle, avec une dissolution de sel de Glaubert ; & avec celle
de tartre vitriolé, un précipité d'une couleur
de turbith-mineral. Ces connoissances nous
facilitent à acquerir une notion juste des matieres dont l'eau est impregnée. Mais, pour
la confirmer, on doit examiner le precipité

à part ; & la liqueur d'où la matiere folide : a été précipitée, doit être éprouvée par l'évaporation , la criftallifation , &c. pour déterminer la concretion qu'elle a produite par fon union avec l'acide du nitre.

§ 224. 17°. Le mercure fublimé corrofif eft recommandé & mis en ufage, par plufieurs , dans les effais des eaux , quoique, felon mes meilleures obfervations, avec peu d'avantage, c'eft-à-dire , avec moins d'avantage que la diffolution précédente. Le fublimé eft une diffolution de mercure dans l'acide du fel marin concentré , dans lequel il n'eft pas diffoluble par les loix ordinaires de la diffolution. Mais le vif-argent diffous dans tout autre acide minéral évaporé jufqu'à ficcité, mêlé avec une certaine portion de fel marin , avec ou fans vitriol calciné , ou le précipité de mercure avec le fel marin ou fon acide deffeché , foumis au fourneau de fable , dans un vaiffeau de verre convenable , en adminiftrant un jufte degré de chaleur, l'acide du fel fe mettra en mouvement ; & par une attraction plus puiffante , arrachera le mercure de l'acide, qui auparavant le tenoit en diffolution, comme auffi par une qualité particuliere à l'acide du fel marin , qui eft de volatilifer tous les métaux ou fubftances métalliques avec lefquels il s'unit ; il rend le vif-argent , qui eft prefque fixé par quel-

qu'un des autres acides minéraux, demi-vola-
tile , & l'éleve en une belle forme criſtalline,
qu'on peut regarder comme une eſpece de
vitriol de mercure. Quoique ce mercure ainſi
préparé ſe diſſolve difficilement dans l'eau
pure, & qu'il n'y apporte aucun changement,
étant mêlé avec un eſprit inflammable , il eſt
mis en uſage intérieurement & extérieure-
ment par nos Charlatans, comme eſſences
antivénériennes & lotions. On en précipite le
mercure, dans ſa propre forme, par l'argent,
par le cuivre ou l'airin ; & avant la diſſolution, par le régule d'antimoine, & par l'étain.
Il donne une couleur laiteuſe à l'eau chargée
de ſoufre ou phlogiſtique. Il eſt précipité en
forme de magiſtere par les abſorbans & les
alcalis : les terres & les alcalis volatiles, donnent un précipité blanc, & les fixes une autre
couleur d'orange. La demonſtration du dernier, eſt ſon principal uſage dans l'eſſai des
eaux.

§ 225. 18°. Le plomb ſe diſſout dans tous
les acides végétaux, mais plus promptement,
lorſqu'il eſt d'abord corrodé par le moyen de
la vapeur d'un acide fermenté, comme le vinaigre , qui eſt le procédé par lequel on prépare le blanc de plomb, ou lorſqu'il eſt réduit
en chaux par le feu , comme la litharge ou le
plomb rouge ; par ce moyen le métal perd
beaucoup de ſon phlogiſtique , dans cet état

le plomb eſt très-diſſoluble. Il ſe diſſout pour
lors promptement dans toutes les huiles exprimées , dans la plûpart des acides , des
liqueurs fermentées , ſpecialement dans les
acefcens , & en partie dans l'eau commune,
& donne à tous ces diſſolvans une douceur
de ſucre. La préparation appellée ſucre de
plomb , ſe fait par l'évaporation & la criſtalliſation de la diſſolution de quelqu'une de ces
chaux de pomb dans le vinaigre diſtillé. Je ne
puis m'empêcher de me recrier ici , contre ces
marchands de vin frauduleux , qui ſe ſervent
de ces préparations de plomb , pour adoucir
leurs vins piqués ou aigres , puiſque rien n'eſt
capable de produire des effets plus dangereux. Il faut auſſi que je faſſe voir le dan-
ger qu'il y a de faire bouillir ou de garder
des acides ou des liqueurs fermentées , de
quelque eſpece qu'elles ſoient , dans des vaiſſeaux de plomb ou d'étain , comme auſſi de
cuire des tartes , ou des pâtés de fruits verds
ou aigres dans des plats faits de ces metaux ;
car il en reſulte ſouvent , des choliques , des
crampes , des convulſions , des paraliſies , &
enfin , la mort même , après beaucoup de
ſouffrances & de langueurs. En France l'uſage
du plomb , pour raccommoder les vins , eſt
puni de mort. Quoique j'avoue que tout ceci
ſoit hors de propos , le Lecteur ne me ſaura
pas mauvais gré de lui apprendre la methode

de

de découvrir s'il y a du plomb diſſous dans du vin ou dans aucune autre liqueur fermentée. Ceci peut ſe faire en y verſant goutte à goutte une diſſolution d'*hepar ſulphuris*, qui occaſionnera un précipité d'un brun rougeâtre, ou ce qui eſt encore plus certain, une diſſolution d'orpiment avec de la chaux vive, dans de l'eau bouillante, ou la teinture volatile de ſoufre de Hoffman, qui cauſera un précipité noir; en conſidérant la variété des corps, qui ont une plus forte attraction ou affinité, que le plomb n'en a avec cet acide ou avec celui de nitre dans leſquels il ſe diſſout, * & les acides auſſi-bien que les abſorbans & alcalis, qui cauſent une précipitation de ces diſſolutions, § 204. l'uſage d'une diſſolution de plomb pour examiner les eaux paroîtra d'abord; la nature du précipité ſera prouvée, comme nous avons obſervé ci-devant, § 220. 13.

§ 226. 19. La diſſolution de l'argent dans l'acide du nitre, qui eſt ſon diſſolvant favori, eſt d'un très-grand uſage dans les eſſais ſur les eaux. Il ſe diſſout comme le vif-argent; & il peut de même, être évaporé juſqu'à ſiccité, ou juſqu'à ce qu'il forme des criſtaux, dont l'un & l'autre peuvent ſe diſſoudre dans l'eau purifiée, ou la diſſolution peut en être délayée modérément, en marquant exacte-

* § 178. 3.

Z

ment les proportions ufitées pour éloigner les erreurs qui pourroient arriver dans les expériences & les comparaifons ; en confidérant le nombre des corps qui ont plus d'attraction avec l'acide du nitre que l'argent , * il eft aifé d'apprétier l'ufage de la diffolution de l'argent , dans l'examen des Eaux. Cette diffolution , verfée par goutte dans l'eau la plus pure , fe mêle aifément , fans y caufer le moindre changement ; mais fi elle contient le moindre veftige ou la moindre marque des matieres étrangeres dont nous avons parlé § 177 , &c. il s'enfuit des nuages blancs & une prompte précipitation. La caufe fe découvre en examinant à part le précipité felon les principes donnés , & ce que la liqueur contient, d'où il a été précipité.

§ 227. 20. Par les mêmes principes , on fait ufage d'autres diffolutions métalliques dans l'examen des eaux : telles font les diffolutions de cuivre & de fer dans l'acide du nitre ou celui de vitriol, & celles que les vitriols verds ou bleus fourniffent. Nous allons dire un mot de chacune féparément.

§ 228. 21. Le cuivre eft de tous les métaux le plus diffoluble : tous les fels le diffolvent plus ou moins ; de-là vient qu'en certaine quantité & d'une certaine maniere, il n'eft pas feulement diffoluble par les acides ;

* 178. 3.

mais encore par les alcalis, les fels neutres, les huiles & les favons ; il imprime différentes couleurs aux différens diffolvans, telles que des nuances de bleu & de verd ; &, s'il eft extrêmement délayé, il paroît fans couleur. Le cuivre corrodé par les acides végétaux, eft de la couleur entre un pâle verd & un pâle bleu, appellé verd-de-gris ; mais, lorfqu'il eft diffous, il donne une teinture & des criftaux de verd foncé. Le cuivre diffous par l'acide vitriolique, donne une couleur de pâle faphir ; par l'acide du nitre, s'il eft pure, un bleu plus pâle ; mais s'il eft alteré par le fel, comme dans l'eau régale, il donne alors un verd de beril ; &, fi la diffolution eft faite avec l'acide de nitre diftillé, la couleur eft d'un verd très-coloré, ce qui montre fa volatilité ; lorfqu'il eft diffous dans l'acide du fel, il donne une couleur belle & brillante d'émeraude : en confiderant les différens degrés d'attraction entre les corps, il eft aifé de concevoir comment on peut précipiter le cuivre de toutes ces diffolutions, ou comment fa couleur eft changée par les différens diffolvans. Tout ce qui a une plus grande attraction avec l'acide, que le cuivre, foulera le diffolvant ; & d'abord que la faturation fera effectuée, le cuivre fera précipité, ou plutôt fufpendu entre les deux diffolvans ; car auffi-tôt que la faturation eft complette, & que

l'acide diffolvant eft rendu neutre par un alcali , alors le cuivre eft très-promptement
diffous de nouveau par ce fel neutre ; enfin,
fi l'alcali prédomine, il en eft encore diffous
une feconde fois ; de forte que le cuivre, une
fois mis en diffolution , eft difficilement tout-
à-fait précipité par d'autres que par le fer.
Les changemens de couleurs qui arrivent par
les différens diffolvans , meritent attention :
l'acide du fel ajouté aux diffolutions bleues
de cuivre par l'acide du nitre ou vitriolique ,
les change en beau verd de gazon ; fi , à une
ou l'autre de ces diffolutions, on ajoute une
terre abforbante, il fe fera une précipitation
incomplette ; fi c'eft un alcali fixe, il s'enfui-
vra immédiatement une précipitation partiale ; mais, après la faturation, ou en fur-
chargeant le diffolvant d'alcali, il fe fera une
nouvelle diffolution, non pas fi complette
que la premiere, laquelle prendra une plus
haute teinte de bleu : ceci réuffit mieux avec
les alcalis volatiles ; car dans l'une ou l'autre
des diffolutions, ils caufent d'abord une précipitation partiale ; & lorfque l'alcali vient à
prédominer, il fe fait à l'inftant une nouvelle
diffolution, qui donne à la premiere & à la feconde, une belle couleur de faphir, & à la
troifieme, celle d'amethyfte ; toutes plus ou
moins foncées ou pales, felon que la liqueur
eft plus ou moins chargée de cuivre. On peut

de nouveau détruire ces couleurs par les acides, qui, au premier moment qu'on les verse, caufent quelque précipitation ; mais lorfque la faturation approche , il fe fait une
nouvelle diffolution dans le diffolvant neutre, qui devient plus complette à mefure que
l'acide vient à prédominer. Le fer eft de toutes les matieres connues, celle qui précipite
le plus parfaitement le cuivre ; car il foule fi
bien l'acide diffolvant, qu'il le dépouille tout-
à-fait du cuivre ; & , par ce moyen nous de-
couvrons fi l'eau contient du cuivre ou non ;
ou , en ajoutant une diffolution de cuivre à
l'eau, nous pouvons connoître , s'il fe fait
une précipitation , la matiere qui l'a caufée.
Toutes les diffolutions de cuivre ont le goût
très-défagréable, très-amer & très-malfaifant,
qui réunit l'auftérité des acides & l'acrimonie des alcalis ; en très-petite quantité, il
caufe des maladies dangereufes & des vomif-
femens violens ; & dans une plus grande, il
approche de bien près de la qualité deftruc-
tive de l'arfenic moderne, ce poifon redou-
table. Sa diffolution extraordinaire , même
par l'air, exigeroit des précautions pour s'en
préferver dans l'ufage indiftinct que l'on en
fait pour des batteries & autres uftenfiles de
cuifine.

§ 229. 22. Fondé fur les mêmes principes,
on peut fe fervir du fer & d'autres métaux

dans l'examen des eaux ; & c'eſt aux différentes diſſolutions de ce métal que nous devons toutes nos eaux martiales & ferrugi-
neuſes , communément appellées chalibées
ou eaux d'acier, mais improprement, puiſque l'acier ne ſe trouve pas dans la nature.
Le fer, quoique le plus dur , eſt le plus diſſoluble de tous les métaux après le cuivre :
l'acide de l'air le corrode ; & on connoit peu
d'eaux qui ne ſoient ſi remplies de cet acide,
qu'elles en diſſolvent le fer : tous les acides
minéraux délayés ou concentrés l'attaquent
avec grande violence, chaleur & vapeur, &
le diſſolvent , cependant avec plus d'efficacité lorſqu'ils ſont délayés. L'acide vitriolique
eſt le plus puiſſant, & probablement le diſſolvant naturel du fer : il quitte en certaine
quantité le phlogiſtique, qui eſt ſon favori,
pour s'unir au fer, ce qui, en apparence, eſt
contraire à notre regle générale *; car, ſi on
mêle des limailles de fer avec du ſoufre, en
fleur ou en poudre, & qu'on les humecte
avec de l'eau, l'acide du ſoufre & le fer s'attirent avec tant de force, que, par leur contact & trituration, ils acquierent une chaleur
qui les embraſe, & conſume totalement le
phlogiſtique, que l'acide abandonne pour s'u-
nir au fer, d'où la leſſive ou infuſion dans
l'eau, par l'évaporation & criſtalliſation, for-

* § 180.

me le vitriol de fer, qui eſt une eſpece de
pyrites artificiel. Quelques-uns ſe ſervent de
cette expérience pour démontrer la maniere
dont les bains chauds & les eaux ſulphureu-
ſes ſont produits, mais ſans ſuccès, puiſque ces Phyſiciens & Chymiſtes ſuperficiels
ne ſauroient trouver une telle compoſition
dans la nature, parce que le fer malléable
ou ductile s'eſt trouvé très-rarement, ſi jamais on l'a trouvé dans la nature; d'ailleurs,
quand cela ſeroit, une eau ſulphureuſe ne
pourroit pas être le réſultat du paſſage des
eaux à travers d'un tel mêlange, parce que
le ſoufre eſt décompoſé, & une des parties
qui entrent dans ſa compoſition, eſt brulée
& diſſipée par cette opération. Le fer enfin
ſe diſſolve facilement dans l'acide vitriolique;
& s'il n'eſt pas delayé en plein, une grande
partie du phlogiſtique du métal s'échape en
vapeurs combuſtibles; lorſque la diſſolution
eſt achevée, il demeure une croute noire, laquelle, juſqu'à préſent, a paſſé, chez la plûpart, pour une terre indiſſoluble, tandis que
c'eſt réellement du ſoufre, provenant de l'u-
nion du principe inflammable du fer, & de l'a-
cide univerſel ou vitriolique: la diſſolution du
fer par cet acide, duement delayée, eſt d'une
couleur de verd pâle de gazon; & lorſqu'elle
eſt évaporée & criſtalliſée, elle donne des
criſtaux d'un verd pâle, de la couperoſe ver-

te, ou, comme quelques-uns affectent de la nommer, du sel ou vitriol de Mars ou de fer. Ce métal se dissolve dans l'acide du nitre, & donne à la dissolution une couleur orange obscure ; & lorsqu'il est dissous dans l'acide du sel, il donne un jaune verdâtre, que quelques-uns, par absurdité, attribuent au cuivre, ne considérant pas que le cuivre ne peut pas subsister dans une dissolution chargée de fer. Il se dissolve aussi dans l'eau régale, & la teint jaune ; &, lorsqu'au moyen du tartre, il est dissous, il donne un rouge obscur ou teinture brune. Lorsqu'il est dissous par le vinaigre distillé, on en tire des cristaux douçatres. Les sucs de tous les acides ou fruits austeres ou autres substances végétales, le dissolvent, comme le prouvent le goût du couteau, qui est imprimé au fruit qui en est coupé, & la rouille ou couleur noire qui est sur la lame du couteau dont on s'est servi. Il n'est pas difficile de concevoir comment l'eau peut s'impregner de ce métal, qui est très-commun & le plus excellent de tous, puisqu'il paroît si dissoluble ; & lorsqu'on considere les différentes substances qui ont une plus grande attraction, que le fer *, avec tous les acides ou avec quelques-uns d'eux, on découvrira comment, par l'addition de quelques-unes de ces substances à

* § 176. 1. 178. 3. 133. 190. 191. 192. &c. 214. 7. &c.

l'eau

l'eau qui est impregnée de fer, on peut découvrir & en precipiter ce métal. D'un autre côté, on découvrira comment une dissolution de ce métal, versée dans l'eau chargée de quelques-unes de ces matieres, sera précipitée, & par conséquent, la cause de cette précipitation. Par exemple, la poudre ou l'infusion des noix de galle, ou de semblables astringens végétaux, introduits dans une eau impregnée de fer, par le moyen de quelqu'un de ces acides, causera une couleur ou précipité bleu ou noir. Les terres absorbantes, les alcalis volatiles ou fixes occasionneront une précipitation d'ochre ou terre martiale ; ou une dissolution de fer, versée dans l'eau chargée de terres astringentes végetales, de terres absorbantes minérales, des alcalis volatiles ou fixes, produira de semblables effets par les mêmes causes.

§ 230. Mais nous ne devons pas ômettre une exception à cette regle générale, qui nous donnera beaucoup de facilité à rendre raison d'un principe ou ingrédient qui se trouve fréquemment dans les eaux ferrugineuses les plus actives, telles que celles de Pirmont, de Spa, de Malmedi & de Bru, &c. comme l'on fera voir en son lieu. On a observé en général, & on a insisté là-dessus en particulier, dans l'article précédent, que les alcalis fixes précipitent le fer. Rien n'est plus

certain que cette affertion prife en général,
cependant Stahll*, illuftre ornement de la
Médecine & de la Chymie, en découvrit une
exception. Il obferva le premier, que, fi l'on
faifoit degoutter par gradation, une forte
diffolution d'alcali fixe & pur, dans une diffolution de fer par l'acide du nitre, & qu'on
la tînt conftamment, vivement & entierement agitée auffi long-temps qu'il faut pour
éloigner la précipitation, on trouvera une
parfaite diffolution de ce métal, dans l'alcali
fixe. Car, plus l'on ajoute de lie alcaline, &
plus la diffolution eft complette; & cette
diffolution ne contient plus actuellement d'a-
cide, puifque celui dans lequel le fer étoit
d'abord diffous, eft foulé d'alcali dans le
combat qui fe fait lorfqu'on le mêle, & d'où
il réfulte un fel neutre, favoir, du nitre:
cette diffolution, enfin, eft une diffolution
de fer dans l'alcali, ce qui peut fe prouver
par les raifons fuivantes. Premierement, fi
les diffolutions font fortes ou concentrées,
le nitre fe criftallifera en partie dans fa forme naturelle, en les laiffant tranquilles dans
une place froide, & le fer demeurera diffous dans le refte de la lie. En fecond lieu,
cette diffolution, ou la lie qui fubfifte, fouffre une précipitation par l'addition des acides
plus foibles. C'eft avec le fer en diffolution

* *Stahl Opus Phyfico-Chemico-Medic.*

par l'acide du nitre, que cette expérience réuſſit le mieux, ce qu'on attribue à la grande quantité de phlogiſtique contenu dans le fer & dans l'acide du nitre, lequel attire fortement les alcalis fixes, & forme, uni avec eux, un diſſolvant qui ne diffère pas de celui qui réſulte du mélange du ſoufre commun, mis en fuſion avec les alcalis fixes, appellé *hepar ſulphuris*, qui eſt un diſſolvant de tous les métaux, ſans en excepter l'or. Car les métaux fondus avec l'*hepar ſulphuris*, ſont diſſolubles avec toute la maſſe dans l'eau, d'où ils ſont l'un & l'autre précipités par les acides.

§ 231. Ayant ainſi demontré les moyens pour découvrir l'eſpece & la maniere dont les eaux principales ſont impregnées de matieres différentes, nous allons pourſuivre l'analiſe par les autres méthodes, puiſque tous les moyens de connoître la compoſition des eaux doivent être ſouvent appellés à notre ſecours, avant qu'un eſprit parfaitement curieux & raiſonnable, puiſſe être pleinement ſatisfait ſur cette matiere.

§ 232. Les matieres ſolides contenues dans les eaux, ne ſe découvrent pas ſeulement par les regles de la précipitation, que nous venons de donner ci-devant, mais auſſi par l'évaporation, qui rompt différemment, & ſépare les parties aqueuſes & terreſtres. Nous avons obfervé ci-devant, que beaucoup d'eaux tombées fous la connoiffance des curieux, font impregnées de parties folides, au moyen d'un acide de différent degré de volatilité & de fubtilité, & principalement par cet acide, auffi volatile que l'acide univerfel dont l'atmofphere eft chargée. De-là vient que les eaux les plus dures fe décompofent en bouillant, parce qu'à mefure que l'acide s'échape, les matieres terreftres qu'il tenoit en diffolution, fe dépofent & fe précipitent. La même chofe arive, mais plus lentement, lorfque ces eaux font expofées pour quelques jours à l'air, ce qui eft très-bien connu aux Jardiniers & autres Payfans, qui laiffent croupir leurs eaux dures pour les adoucir, à ce qu'ils difent, parce que, par ce moyen, l'acide diffolvant s'échape, & la terre fe précipite au fond. Toute eau chargée de quelque partie terreftre ou métallique que ce foit, fe décompofe par ces moyens. Ceci eft extrêmement évident dans les eaux martiales les plus actives, telles que les eaux de Pirmont, Spa, Malmedi & femblables, même celles de Tumbridge. Toutes ces eaux, expofées quelque temps à l'air dans un verre, couvrent fes côtés d'une infinité de bulles d'air, lefquelles, auffi-tôt qu'elles en font féparées ou échapées, laiffent l'eau trouble; & lorfqu'elles font toutes évaporées, les folides

qu’elles tenoient en diffolution, fe précipitent, parce que l’eau ne peut diffoudre aucune matiere métallique ou terreftre, fans
être impregnée de cet acide.

§ 233. Comme le diffolvant volatile, auffi-
bien que l’eau, peuvent s’exhaler, le premier
procedé raifonnable dans ce genre, pour
l’examen des eaux, eft celui par la diftillation.
Qu’on diftille d’abord l’eau que l’on veut effayer, par l’apparatus * défigné pour purifier
l’eau, & qu’on examine ce qui fortira le premier, par les moyens enfeignés ci-devant,
pour éprouver, on découvrira fi elle contient
quelqu’un des principes volatiles, & quel il
eft : l’on peut continuer la diftillation jufqu’à
ce que tout le fluide en foit dehors, l’effayant
de temps en temps, depuis la premiere fortie
jufqu’à la derniere, avec du papier bleu, du
fyrop de violette, des acides, des alcalis, &
avec la diffolution de plomb & d’argent. S’ils
ne produifent aucun changement fenfible,
nous pouvons préfumer que l’eau diftillée eft
auffi pure qu’elle peut l’être par l’art, & que
l’acide a été alteré par le feu, ou qu’il s’eft
échapé par fon extrême fubtilité pendant l’o-
pération. J’ai obfervé que quelques eaux,
par la diftillation, ne donnoient pas des preuves fenfibles d’acidité : cependant j’ai trouvé
un morceau de papier qui avoit été mis

* § 92. jufq. 98.

à la jointure du vaiſſeau à diſtiller, teint de
rouge en différens endroits, preuve certaine de l'exiſtence & de la ſubtilité de cet
acide.

§ 234. Le ſédiment qui reſte dans le vaiſſeau, eſt la partie fixe & ſolide contenue dans
l'eau ; mais cette méthode n'eſt pas la plus
exacte pour la recueillir ; car la chaleur requiſe pour la diſtillation, eſt trop forte &
préjudicie à l'évaporation, qui ne ſauroit
être operée trop lentement, parce que nous
connoiſſons, par expériences, que le trop
de chaleur, en évaporant, altere la plûpart
des ſels, dont les qualités & la quantité ſont
diminuées dans la criſtalliſation : c'eſt pourquoi, pour obtenir les matieres ſolides contenues dans l'eau, il faut l'expoſer dans uñ
vaiſſeau de verre plat & bas, au-deſſus de la
vapeur de l'eau chauffée ou bouillante, ou
dans l'eau bouillante ou chauffée, ou l'expoſer à une chaleur analogue, ou dans un bain
de ſable, & dans un lieu où aucune pouſſiere
ou exhalaiſon étrangere ne puiſſe l'altérer ou
la ſalir, puis la laiſſer évaporer lentement juſqu'à ſiccité.

§ 235. Comme il n'y a que ce qui eſt volatile qui s'échape par ce procédé, & qu'on
ne peut mieux obtenir ce qui eſt ſolide, que
par cette opération de l'art (car nous obte-
nons, par ce ſédiment, tout ce qu'il eſt poſ-

] fible de féparer, des eaux, par l'art, de fixe &
] de folide, & de même, par la diftillation
ou l'évaporation, tout ce qui eft volatile s'é-
chape) néanmoins il faut être bien circonf-
pect pour déterminer la proportion du folide
contenu dans une quantité donnée d'eau,
par ce qu'on en a obtenu par une ou deux
diftillations ou évaporations ; car les différens degrés de chaleur & la façon des vaiffeaux dont on fait ufage dans l'operation,
occafionneront une grande variété, puifque
l'expérience montre, ce dont il n'eft pas aifé
de rendre raifon, favoir, que l'eau qui bouillit dans un vaiffeau ouvert, laiffe beaucoup
moins de fédiment terreftre, que quand elle
bouillit dans un vaiffeau fermé ; peut-être
que l'union de certaine matiere diffoute dans
l'eau, au moyen de l'acide fubtile, eft telle
que, dans le tartre vitriolé, elle peut s'é-
chaper en bouillant ; mais étant dans un vaiffeau fermé, la matiere fubtile fe diffipe la
premiere, & laiffe le fel & la terre au fond.

§ 236. Les eaux qui font le moins chargées
de matiere folide minérale, doivent être les
plus légeres, s'échauffent & fe refroidiffent
le plus vite, diftillent très-promptement, &
laiffent moins de fédiment après l'évaporation. Telles font les eaux de Slangenbadt,
de Tæplitz & de Pfeffer, dont nous avons
fait mention ci-devant, de même que celles

de Zeffen ou Seffen, & une fource très-cu-
rieufe, froide & pure, près D'aix - la - Cha-
pelle, dont les eaux égalent, par leur légereté, & leur pureté, de bien près celles de
Pfeffer ; l'exception de cette regle que quelques-uns tirent de l'eau de chaux, qui paroît,
par plufieurs expériences, très-chargée &
qui ne laiffe, à ce qu'ils difent, que peu ou
pas de fédiment après l'évaporation, n'eft
plus d'aucun poids à préfent, parce que, par
des expériences plus exactes, elle eft prouvée
une erreur groffiere. *

§ 237. Il y a bien peu ou pas du tout d'eau,
foit météorique ou terreftre, qui ne laiffe,
après l'évaporation, une maffe confidérable
de matiere étrangere. Pour confirmer cette
verité, nous avançons le témoignage des plus
favans Profeffeurs & des Obfervateurs les
plus induftrieux en Chymie.

§ 238. Borrichius, *de Herm. & Egypt. fa-
pientia*, prit de l'eau limpide d'une fource de
pluie, de neige, de grele & de glace, de chaque cent livres, & les fit évaporer féparément dans un vaiffeau de verre bien propre,
jufqu'à une pinte chaque : dans cette liqueur,
il parut quelque fubftance terreufe, & lorfqu'elle fut filtrée à travers du papier doux &
poreux, elle étoit rouge ; il mit enfuite cette
liqueur dans une cucurbite propre de verre,

* § 56. 4.

qu'il

qu'il plaça dans un bain chaud, & la réduifit, par une évaporation lente , jufqu'à confiftence de gelée de couleur de corinthe ; ayant continué cette opération, l'extrait fut réduit en poudre feche, qui fe fondit avec des veffies ; &, furpaffant les bornes du vaiffeau, elle prit feu, & donna une flamme brillante & claire en brulant, preuve qu'elle contenoit une fubftance huileufe ; la maffe brulée qui reftoit étant lavée avec de l'eau diftillée, fournit une lie faline qui donna, par l'évaporation, de beaux criftaux cubiques de fel marin, & laiffa une terre infipide ; l'extrait delayé avec l'eau diftillée, donna une teinture rouge, qui n'étoit pas défagréable au palais, laquelle étant filtrée, & expofée à l'air pendant les mois de l'été, dans un verre large & ouvert, forma, à mefure que l'eau s'exhaloit par degré, des criftaux éclatans & brillans fans couleur, mais entrelacés de matiere huileufe colorante, qui étoit inflammable. La proportion de ce fel avec la fubftance huileufe, n'eft jamais certaine ; dans un temps on la trouve de trois à une, & dans d'autres, de dix à une ; l'extrait épais diftillé par la retorte, donne, en premier lieu, une petite portion d'huile ou matiere inflammable, & après, un peu d'efprit acide.

§ 239. Quoique les expériences de Kunkel * ne s'accordent pas exactement avec celle-ci , cependant elles n'en different pas essentiellement. Ce Chymiste , très-exact & diligent , nous dit qu'après l'évaporation d'une quantité d'eau de pluie très-immense , il resta une terre noirâtre & saline , laquelle , ayant été beaucoup exposée à l'air , & ensuite distillée dans une retorte , donna un esprit acide & une huile empireumatique , ou , étant mise sur le feu , laissa une poudre alcaline , couleur de cendre , après que les parties inflammables furent consumées.

§ 240. La différence apparente de ces deux procédés , ne sert qu'à faire voir que l'eau de pluie est très-différente , dans certaines saisons & lieux , de ce qu'elle est dans d'autres. On ne doit pas s'attendre de l'avoir toujours de la même nature dans le même endroit , malgré toutes les précautions qu'on puisse prendre pour la recueillir ; car sa variation depend de celle de l'atmosphere. On trouve toujours qu'elle contient plus ou moins de terre & de sel , & de quelque matiere huileuse ; mais elle est aussi , souvent chargée de plusieurs autres matieres minérales. Quelques Auteurs , ayant grande envie de prouver une assertion remplie d'erreurs & d'artifice , que certaines eaux contenoient du soufre , croient d'avoir réussi en obtenant de leurs

* *Observat. Chemie.*

eaux cet extrait oleo-falin *. Mais, affuré-
rment, ceci prouve plus qu'ils ne fouhaitent,
puifque par cette regle, il leur eft bien difficile de montrer quelqu'eau où il n'y ait pas
du foufre, s'ils prennent cette matiere pour
telle.

§ 241. Aucune de ces expériences, § 238.
239., ne fe trouve avec affez d'exactitude
pour établir une analife de l'eau, parfaite.
Les proportions doivent être déterminées
avec une exactitude fevere. La quantité
d'eau dont on s'eft fervi, doit être, en premier lieu, déterminée ; le réfidu, lorfqu'il
eft deffeché avec foin & précaution, doit
être pefé par une balance jufte, enfuite on
doit chercher les parties qui conftituent cette
maffe qui refte, & les établir fur des principes
certains & non hypothéthiques, & par des
preuves plus concluantes que ne peuvent
nous donner nos fens.

§ 242. On reconnoît généralement que
ces maffes des eaux terreftres & atmofphé-
tiques, confiftent en différentes efpeces de
fels, &c. 1°. en alcalis, 2°. en neutres de
différentes fortes, 3°. en terre qui eft ordinairement de trois efpeces, 4°. en plus ou
moins de fubftances huileufes.

§ 243. Il a été obfervé ci-devant ¶, qu'il
peut y avoir plufieurs fels mêlés enfemble

* § 238. 239. ¶ § 118 jufqu'à 122.

dans la même eau : fi cela eft ainfi, nous pouvons regarder le refidu, après l'évaporation
des eaux, comme étant généralement très-
compofé; & les Tables précédentes, § 118,
119, 120, montrent comment les différentes
parties peuvent être féparées.

§ 244. Mais il arrive rarement, que nous
trouvions dans l'eau plus de trois fels différens
enfemble, qui puiffent être féparés, en forme
feche ou concrétion ; & ceux-ci, en laiffant
pour le préfent le felenite de côté, font 1°.
l'alcali minéral, le nitre des Anciens, 2°. le
fel gemme ou le fel marin, & 3°. un compofé
du premier ou de la bafe du fecond avec l'a-
cide vitriolique, fel qui eft fort analogue à
celui de Glaubert, que quelques-uns ont
pris, par erreur, pour le nitre, *nitrum calca-*
rium, de Lifter. Nos Tables * nous enfeignent
à les féparer promptement; car elles nous
montrent qu'en verfant de l'eau fur la maffe,
le fel alcali fe diffoudra le premier, enfuite le
fel de la nature de celui de Glaubert ou d'Epfom, & puis le fel marin ou gemme. Ceci
demande une grande exactitude : la meilleure
méthode eft de laver foigneufement toute la
maffe avec de l'eau chaude diftillée, jufqu'à
ce que, par le goût ou par les expériences
avec la diffolution de plomb, d'argent, ou
femblables, elle ne donne plus le moindre

* § 118, &c.

veftige d'aucun fel. Ce qui refte eft une matiere indiffoluble dans l'eau, c'eft-à-dire, de
la terre, qui étant foigneufement & entierement fechée, doit être pefée exactement, &
fon poids étant fouftrait de toute la maffe mêlée, la différence nous montre la quantité de
groffe matiere faline qui étoit dans la maffe.
Enfuite l'on peut féparer de cette maffe les
fels, comme les Tables l'enfeignent *. Le fel
marin fe criftallifera le premier, & après, celui de Glaubert ; & en laiffant évaporer le
refte jufqu'à ficcité, on aura l'alcali qui n'eft
pas foulé : ces fels étant fechés féparement,
leurs quantités ou proportions feront déterminées par la balance.

§ 245. Ayant féparé les fels, nous devons
examiner & déterminer leur efpece. Le fel
alcali fe découvre 1°. par un goût âcre, lexivieux ou urineux ; 2°. en changeant les fyrops bleus en verd ; 3°. par une ébullition
qui refulte de la faturation avec les acides,
d'où il fe forme un fel neutre, felon la nature
de l'acide qui eft employé ¶ ; 4°. en precipitant
les diffolutions metalliques & terreftres ope-
rées au moyen des acides, en precipitant d'u-
ne diffolution de fublimé corrofif, un magiftere couleur d'orange ; 6°. en degageant l'alcali volatile dans le fel armoniac, & en pre-
nant fa place. Le fel marin eft decouvert, 1°.

* § 121. ¶ § 176.

par fon goût bien connu, qu’aucun autre n’i-
mite ; 2°. par la forme cubico-piramidale de
fes criftaux ; 3°. par la decrepitation & fes
petits éclats, lorfqu’on le jette fur des charbons ardens ou fur du fer chaud, dont chaque molecule, par fa forme, décele d’où elle
tire fon origine ; 4°. par la chaleur & commotion violente qu’excite l’huile de vitriol,
lorfqu’on la verfe deffus, à caufe que fon
attraction eft plus grande avec la bafe du fel
marin, que celle de cette bafe avec fon acide
naturel ; d’où il arrive que l’acide du fel marin, étant le plus léger & le plus volatile,
s’envole en fumée blanche ; 5°. parce qu’il
fait un diffolvant pour l’or, ou l’eau regale,
avec l’eau forte ; 6°. parce qu’il precipite le
mercure, le plomb & l’argent diffous dans
l’acide du nitre, & les volatilife en mercure
fublimé, *faturnum cornuum* & *luna cornua*. La
nature de l’autre fel neutre fe decouvre, 1°.
par le volume & la figure de fes criftaux ; 2°.
par fa fufibilité ; les fels de Glaubert & d’Epfom coulent par une chaleur temperée, tandis que le tartre vitriolé refifte à la plus violente ; 3°. on diftingue ces fortes de fels du nitre,
auquel ils reffemblent le plus, par leur forme,
& parce qu’ils perdent leur pellucidité, &
tombent en poudre blanche lorfqu’ils fechent ;
& lorfqu’on les jette fur du charbon ardent ou
fer rouge, ils fe fondent & fe deffechent fans

embrasement ni detonation, ou parce qu'ils
se mêlent avec les plus forts acides sans commotion, tandis que le fort acide de vitriol
chasse celui du nitre en fumée rouge, par une
commotion & chaleur violente ; parce que
tous ces sels, horsmis le tartre vitriolé, laissent
precipiter une terre blanche, absorbante ou
alcaline, lorsque dissous dans l'eau, on y introduit un alcali vegetal fixe. 4°. De plus, tous ces
sels par la fusion avec une partie de poudre
de charbon de bois, avec ou sans l'addition
d'un alcali fixe & végétal, que le tartre vitriolé requiert pour se mettre en fusion,
étant liquifiés, donnent une masse analogue
à l'*hepar sulphuris*, qui se dissolve aussi dans
l'eau, & donne du soufre en forme de magistere, en y ajoutant, un acide quelconque *. Tous les sels neutres qu'on a découverts jusqu'ici dans toutes les eaux de l'Europe, sont de cette espece. Que ceux qui
connoissent les remarquables effets qui arrivent lorsqu'on met dans le feu du nitre du
charbon de bois, & du sel de tartre, considerent, par la violence de l'explosion, combien ces sels dont nous venons de parler,
sont différens du nitre ou salpêtre.

§ 246. Ayant ainsi determiné la proportion & la qualité des sels, l'examen des matieres solides, fixes, indissolubles & terreuses

* § 196. jusqu'à 200

contenues dans les eaux, se présente ; en considérant combien grande & presque sans
borne se trouve la faculté dissolvante de l'eau,
la variété des matieres terreuses flotantes
dans l'atmosphere, & celle des terres dont
le globe terrestre & son appareil sont composés, nous devons chanceller à la vue de
l'entreprise ; cependant, quelque grande &
sans fin que paroisse à nos sens la diversité
des terres, par leur différente modification,
la différence réelle n'est pas certainement si
grande qu'elle paroît ; car tous les corps terrestres, de quel regne ou classe qu'ils soient,
n'ont qu'une base commune, qui est la terre
proprement dite, le sel ou le principe du sel
des Anciens, *terra prima*, la terre premiere
ou vitrescible des Chymistes modernes, pour
la distinguer de leur *terra secunda*, le phlogistique ou principe inflammable, & de leur
terra tertia ou *mercurialis*, leur terre troisieme ou mercurielle, principe métallique, lesquelles avec l'eau sont les principes ou les
parties élementaires dont tous les êtres mate-
riels sont composés & constitués, selon que
les Philosophes Chymistes le demontrent [*].
Quoi qu'il en soit, nous ne devons pas regarder comme élementaires les terres qui sont
dans les eaux, mais comme un composé de
parties grossieres, terreuses, calcaires, ar-

[*] Becker, Stahl.

gilleuses

gilleufes & d'ochre. On connoît que le réfidu, après l'évaporation des eaux, eft calcaire ou abforbant, 1°. par l'ébullition qui
fe fait lorfqu'on le diffolve par les acides;
2°. lorfque, par la calcination, il devient
plus blanc & âcre, au lieu d'être infipide:
enfin, parce que l'eau fifle & s'échauffe, &
qu'il s'y diffout d'abord en parties, lorfqu'on
l'y introduit; en un mot, par le caractere &
les qualités de la chaux, qu'elle manifefte.
Les eaux impregnées confidérablement de
cette terre, par l'acide vitriolique, font pétrifiantes : cette qualité paroît avec plus d'é-
vidence, fi elles fervent de bains naturels.
On trouve des fources, des canaux & des
refervoirs remplis de concrétions pierreufes,
comme dans les bains Carolins & ceux d'Aix-
la-Chapelle & de Borfcheit, &c. On connoît
que le fédiment & le refidu des eaux eft argilleux, 1°. lorfqu'il ne caufe aucune ébullition, & ne fe diffolve pas avec les acides;
2°. lorfqu'au lieu de devenir plus blanc & fe
réduire en poudre plus fine, il prend une couleur plus noire & une dureté de pierre par
la calcination. L'ochre ou terre martiale eft
diftinguée, 1°. par fa couleur jaunâtre, rougeâtre ou brune; 2°. par fa lenteur à fe diffoudre dans les acides, fans une grande commotion ; 3°. par la couleur rouge qu'elle
prend par la calcination, & fon inclination

C c

à repondre, en quelque façon, à l'attraction de l'aimant ; 4°. parce qu'on en tire du fer fufile, lorfqu'on l'a calciné dans un creufet couvert, avec de l'huile ou de la graiffe, particulierement avec de l'huile de femence de lin.

§ 247. Mais ces matieres terreftres ne font pas les feules que nous trouvons diffoutes dans les eaux. Nous trouverons dans la fuite, une autre fubftance qui y eft intimement fufpendue, laquelle, auffi-tôt qu'elle a pris de la confiftence, quoiqu'elle foit de forme faline, eft néanmoins auffi indiffoluble qu'aucune terre ou pierre. Je parle de la félenite, qui, par une légere évaporation, fe précipite immédiatement après l'ochre, en forme de claie tranfparente, dans les eaux de Pirmont, Spa & quelques autres.

§ 248. Après avoir donné des regles générales pour l'examen de toutes les eaux, & démontré comment elles peuvent s'impregner, comme auffi la méthode qu'on peut employer pour en découvrir les matieres, je m'en vais à préfent examiner, felon les regles que j'ai données, les eaux terreftres fimples, douces & infipides ; & je commencerai par celles qui font le plus en ufage dans notre Capitale & fes environs.

Des Eaux communes généralement en usage dans Londres & ses environs.

§ 249. Lorsqu'un homme a acquis, dans les écoles, assez d'érudition & de connoissance de la nature, pour meriter, à juste titre, le nom de Médecin, c'est-à-dire, qu'il est réellement capable de juger des choses relatives à la santé des humains, son premier soin devroit être de s'instruire du climat & des qualités du pays où il se propose d'exercer sa profession ; car, par cette étude, il se mettroit au fait de la nature du terrein, de l'air, de l'eau & de leurs productions ; il conseilleroit ce qui fait du bien, & écarteroit ce qui fait du mal, connoissance d'autant plus nécessaire, qu'on ne doit, sans elle, présumer personne en état de conserver la santé, ou de la retablir lorsqu'elle est perdue, encore moins de conseiller quelque chose propre à supporter la vie, puisque l'air, les alimens, les choses nuisibles contribuent à l'entretenir, la détruire ou la réparer : ainsi, un Médecin ignorant dans cette branche de la science de la nature, doit être très-défectueux dans sa profession.

§ 250. De toutes ces matieres, aucune ne paroît avoir moins mérité l'attention de ceux qui ont du jugement, que l'examen des eaux en général, & principalement de celles dont on fait usage ordinairement dans la vie. Il est

vrai que quelques-uns ont traité des eaux
minérales , & que plufieurs ont employé
leurs plumes fur cette matiere ; mais quel eft
le degré d'eftime que meritent ces Auteurs ,
qui s'émancipent de traiter des compofées ,
fans expliquer ou examiner les eaux fimples
qui entrent dans leur compofition , c'eft-à-
dire , qu'ils prétendent d'analifer les eaux
minérales , fans donner , ou peut-être fans
s'être formé une idée de l'eau fimple , je le
laiffe à determiner à un homme de bon fens.
A ceci , qu'il me foit permis d'ajouter , en
paffant , que la plûpart des Traités volumi-
neux , fans nombre , & les plus pompeux que
nous ayions fur les eaux minérales , ont été
publiés par des hommes qui vivoient & pra-
tiquoient fur les lieux , juges d'autant moins
competans , que leur intérêt dependoit de
la réputation des eaux , leur Idole , la Diane
des Ephéfiens , & fur-tout qu'il leur intéref-
foit à faire connoître au monde , par une bro-
chure calculée à leur avantage , dans quel
lieu la bouche de l'oracle , prêtre des mifte-
res , devoit être confultée ; la decifion d'un tel
homme doit être regardée auffi douteufe ,
touchant l'efficacité de fes eaux favorites ,
que celle de tout autre Charlatant qui vante
les miracles des remedes qui lui font gagner
fon pain.

§ 251. Avant que je ne procede à l'examen

des eaux minérales , j'examinerai les eaux
simples , premierement comme étant immédiatement néceffaires à la vie. Nous en avons
ici en auffi grande abondance & variété,
qu'aucune ville de l'Europe puiffe fe vanter
d'en avoir. Il n'y a pas de grande rue dans
Londres , qui ne foit fournie amplement
d'eau , au moyen des tuyaux de différentes
fources , outre celles que les puits , par les
pompes , fourniffent , de forte que non-feulement les offices ordinaires , à rez de chauffée ,
& ceux qui font fous terre dans chaque maifon , mais même le premier étage de la plûpart , font ou peuvent être fournis d'eau , par
des tuyaux des aqueducs communs de la
rue. Telle eft l'abondance de cet élement
utile , que , dans plufieurs des grandes rues ,
il s'en trouve affez pour abreuver le bêtail
dans des baques propres & deftinées pour
en conferver à cet ufage. De plus , dans la
plûpart des rues les plus larges , il fe trouve
des robinets pour arrofer les rues & abatre
la pouffiere , rafraichir le pavé en été , & em-
porter les faletés par leur courant , au moyen
des canaux , dans l'hiver. Cette abondance
d'eau nous ménage non-feulement un nombre de bras pour les employer à un meilleur
ufage qu'à porter de l'eau , comme dans Paris & autres grandes villes , mais encore eft ,
à n'en pas douter , la caufe principale pour-

quoi notre capitale est la plus saine de toutes les grandes villes du monde.

§ 252. Les sources qui nous fournissent nos eaux sont nombreuses, sans compter les puits qui sont en grande quantité & considérables. La premiere & grande source est la Thamise, ce grand ornement & support de notre Royaume & de notre Métropole. On tire de cette riviere, par des machines situées en différentes places, comme au pont de Londres, à Chealsea & aux Bâtimens d'York, de l'eau qui est conduite, par des aqueducs, en différens endroits de la ville. La seconde est celle appellée la riviere neuve, qui est conduite dans un lit ouvert, de la riviere Lee en Hertforskire, jusqu'à Islington : d'où, par des tuyaux, elle fournit un grand nombre des rues de la ville. La troisieme, celle d'Hamstead, composée de l'eau de pluie & de quelques sources ramassées dans des étangs, d'où elles sont conduites, par des tuyaux, à la ville. La quatrieme est une source large au bout d'un endroit appellé Rathbonne, dont les eaux sont tirées par une machine qu'un cheval fait jouer, & jettées dans un réservoir ouvert, jusqu'à ce qu'elles parviennent, par des tuyaux, aux différens endroits où on en fait usage.

§ 253. A ces eaux différentes, on peut joindre les puits qui fournissent la ville ; mais comme je ne finirois pas, si je rapportois leur extrême variété, je me bornerai à parler, pour le préſent, de quelques-unes qui ſont les plus remarquables, & les plus généralement en uſage.

De l'Eau de la Thamiſe, telle qu'elle eſt en uſage à Londres.

§ 254. Pour eſſayer ces eaux, je jugeai néceſſaire de la puiſer en différens temps de la marée, à peu près au milieu de la riviere, vis-à-vis de la maiſon de Somerſet. Je parlerai ici ſeulement des deux extrêmes, de l'eau haute & de la baſſe, & des expériences que j'ai faites dans ces deux temps de la marée, comme étant les cauſes principales des changemens qu'on trouve dans cette eau. Il eſt auſſi à propos de remarquer que je fis mes expériences dans le mois de Mai, lorſqu'il faiſoit chaud, & qu'il n'y avoit pas eu de pluie depuis trois ſemaines. On trouvera que les rivieres, & même quelques ſources varient ſelon la quantité & qualité de l'eau de pluie qu'elles reçoivent.

§ 255. Lorſque l'eau étoit baſſe ou haute, elle ſe trouvoit trouble, mais plus dans le dernier cas que dans le premier. Elle devint claire & pas tout-à-fait ſans couleur, en ſe repoſant *.

* L'Eau de la Thamiſe eſt toujours dans un temps ſec ſans

§ 256. Lorſqu'elle fut filtrée à travers d'un papier, elle devint tout-à-fait claire, en retenant cependant quelque nuage pâle, de couleur de vin blanc. Le cornet de papier qui avoit ſervi à filtrer une pinte d'eau baſſe, ayant été peſé avant, puis ſeché & peſé après la filtration, fut trouvé augmenté en poids depuis au-deſſous d'un demi grain, juſqu'au deſſus d'un grain, même un grain & demi, & avec l'eau haute, juſqu'à deux grains & davantage. Ceci eſt la proportion d'une matiere indiſſoluble, tout-à-fait étrangere à l'eau, qui ſe trouve, en différens temps, dans la Thamiſe à Londres, qu'on peut ſéparer avant qu'on en faſſe uſage dans la préparation des choſes délicates.

§ 257. Dans les expériences ſuivantes, on s'eſt ſervi de deux onces d'eau dans chaque; & la lettre B denote baſſe, & le H denote haute, qui déſignent que l'eau baſſe & l'eau haute ſont comparées.

§ 258. 1. On délaya vingt gouttes de ſyrop de violette dans l'eau B; au premier moment elle changea en verd de mer, qui augmenta un peu par le temps.

§ 259. 2. Le même changement parut avec l'eau H.

couleur & tranſparente, & lorſqu'elle s'éloigne de ces qualités, on l'attribue à un mélange des matieres étrangeres qu'elle çoit des environs de Londres.

§ 260.

§ 260. 3. L'infufion de bois de campêche dans l'eau diftillée, d'un jaune tout-à-fait foncé ou fombre orange, donna à l'eau B une couleur d'œillet à chaque goutte qu'on y mêla, jufqu'à quatre ou cinq; &, par le temps, cette couleur s'éleva jufqu'au cramoifi.

§ 261. 4. Avec l'eau haute le même effet parut, excepté que la couleur étoit plus pâle, & inclinoit après celle de rofe pourpre.

§ 262. 5. Un grain de cochenille en poudre donna une couleur de fleur d'œillet, au moment du mêlange, à l'eau B, laquelle s'augmenta, en croupiffant, jufqu'au cramoifi, puis fe flétrit, & devint un pâle pourpre brouillé, qui laiffa tomber des nuages de verd obfcur.

§ 263. 6. La même poudre, dans l'eau H, produifit à peu près les mêmes effets,; mais le pourpre étoit plus brillant, & les nuages plus pâles.

§ 264. 7. De la lie alcaline cinq gouttes dans l'eau B, produifirent, à chaque goutte, un nuage de couleur de lait, légere; & lorfqu'elles furent melées, l'eau devint par-tout blanchâtre; en croupiffant, le verre fe chargea légerement d'une terre pâle, & il fe trouva au fond un fédiment extrêmement léger.

§ 165. 8. Dans l'eau H, elle produifit la

même apparence en général, excepté quelque chofe de plus laiteux.

§ 266. 9. Une diffolution de favon produifit dans l'eau baffe une efpece de couleur de
perle, laiteufe, mais pas de coagulation ; car
le lendemain la mixture étoit tout-à-fait unie
& uniforme.

§ 267. 10. Dans l'eau haute, la même
chofe arriva d'abord ; mais le lendemain il fe
trouva quelque coagulation grumeleufe.

§ 268. 11. L'acide vitriolique délayé ne
donna aucun changement à l'une & l'autre de
ces eaux ; par conféquent, ceux qui font d'un
ordre inférieur en force, n'en donnent aucun.

§ 269. 12. Une diffolution de vif-argent
par l'acide du fel marin, qui eft le mercure
fublimé, diffous dans une fuffifante quantité
d'eau pure, verfée jufqu'à dix gouttes, ne
produifit dans l'inftant aucun changement à
l'eau baffe ; mais en croupiffant, une pellicule de couleur de perle couvrit toute la
furface ; & la liqueur qui étoit audeffous,
demeura laiteufe.

§ 270. 13. La même diffolution dans l'eau
haute produifit les mêmes effets, mais plus
forts ; la pellicule fut plus pâle ; & il fe trouva
quelque grumeau de précipité léger.

§ 171. 14. Une diffolution de mercure
par l'acide du nitre, produifit à chaque goutte
qu'on introduifit dans l'eau baffe des nuages

qui parurent blancs & laiteux en premier,
mais qui prirent d'abord la couleur jaunâtre;
j'y ajoutai quatre gouttes, qui étant mêlées,
repandirent la même couleur par-tout; & la
liqueur, en croupissant, déposa un sédiment
de couleur d'ochre brouillé.

§ 272. 15. Les mêmes effets parurent avec
une plus ample précipitation dans l'eau haute.

§ 273. 16. Une dissolution de plomb dans
le vinaigre distillé, dont on versa jusqu'à quatre gouttes, & plus, dans l'eau B, produisit, à
chaque goutte, un nuage laiteux, brillant,
lequel, devenant plus blanc & opac, se précipita : à la quatrieme goutte, ayant remué
le mélange, il fut par-tout d'une opacité lai-
teuse ; & lorsqu'on le laissa reposer, il s'éleva
une pellicule pâle, rompue, & déposa un
précipité blanc.

§ 274. 17. La même dissolution versée dans
l'eau haute, ne produisit pas des effets sensiblement differens.

§ 275. 18. Une dissolution d'argent, operée par l'acide du nitre, versée à la dose de
quatre gouttes dans l'eau basse, causa dans les
nuages, en premier, une couleur de perle lai-
teuse, laquelle, en remuant le mélange, se
répandit par-tout ; & lorsqu'il eut reposé, il
déposa un précipité de beau violet pourpre,
qui couvrit le fond & les parois du verre.

§ 276. 19. Cette dissolution versée dans

l'eau haute, produifit des effets femblables;
la couleur du précipité approchoit plutôt de
la couleur de rofe, que de celle du violet, &
participoit cependant de l'une & de l'autre
de ces couleurs.

§ 277 Par ce qui a été dit dans l'Idée ge-
nérale des fels, & dans la Méthode d'examiner les eaux, il eft aifé de concevoir la caufe
de ces changemens, ou plutôt à quelles matieres mêlées dans les eaux, on doit l'attribuer. Par la $1^{re.}$ & la $2^{de.}$ de ces expériences, il eft apparent que les eaux de la Thamife, à Londres, contiennent un principe
alcali, en plus petite quantité lorfqu'elle eft
haute, que lorfqu'elle eft baffe; outre que,
dans ce temps-là il s'y mêle une plus grande
quantité de particules de fel marin, qu'il n'y
en a lorfque la marée eft retirée. Les $3^{me.}$ $4^{me.}$
$5^{me.}$ $6^{me.}$ montrent que ces eaux contiennent
une terre calcaire, diffoute dans l'acide marin, & peut-être quelque peu d'alcali volatile : d'où il paroît que ces eaux ne font pas
propres pour la teinture d'écarlate. La $7^{me.}$
& $8^{me.}$ montrent qu'elle eft chargée de parties terreftres, qui doivent avoir été diffoutes
par le moyen d'un acide, lefquelles paroiffent
en plus grande quantité dans l'eau H, que
dans l'eau B, parce que la premiere donne
plus de précipité avec la même quantité d'alcali. Cette notion paroît confirmée par la

9ᵐᵉ· & 10ᵐᵉ· dans la premiere defquelles le favon s'unit avec l'eau, tandis que dans la derniere il fut en partie décompofé. La 11ᵐᵉ· montre que l'alcali ne domine ni dans l'une ni dans l'autre. Par la 12ᵐᵉ· & 13ᵐᵉ· il paroît que la matiere alcaline n'eft pas trop confidérable. Par la 14ᵐᵉ· & la 15ᵐᵉ· il paroît que quelque terre abforbante, par le moyen d'un acide, eft fufpendue dans l'eau, dont il en paroît plus dans l'eau H, que dans l'eau B. Par la derniere expérience, cet acide paroît être l'acide univerfel, par la couleur du précipité qui feroit purement blanc, fi c'étoit l'acide du fel marin : cette impregnation de matiere terreftre a été ci-deffus démontrée, 7, 8, 9 & 10. Les expériences 16 & 17. fervent encore de preuve ultérieure, de même que la 18ᵐᵉ· & 19ᵐᵉ· fervent à démontrer quelques portions de fel muriatique, dont il en paroît davantage dans l'eau haute que dans l'eau baffe.

§ 278. Pour donner des preuves ultérieures de ces expériences & déterminer les proportions & la nature des folides contenus dans les eaux évaporées, après avoir été filtrées en différens temps de la marée, je ne parlerai ici que des extrêmes. Je pris un gallon * d'eau de la Thamife, lorfqu'elle étoit

* C'eft une mefure qui contient quatre quartes, mefure d'Angleterre.

baſſe, à l'endroit cité, & je la plaçai dans une cloche de verre, ou vaiſſeau au bain de ſable ; je pouſſai le feu par degrés juſqu'à ce qu'il s'éleva une vapeur, & je l'entretins dans ce degré de chaleur, en le retirant du ſable, lorſque l'humidité fut exhalée & entierement conſumée : dans le procédé, j'obſervai 1°. qu'à meſure qu'elle s'échauffoit, il en ſortoit des bulles d'air aux côtés & à la ſurface du vaiſſeau, mais non pas tout-à-fait en auſſi grande quantité que de la plûpart des eaux de nos ſources & de nos pompes. 2°. Elle devint en quelque façon lactée. 3° Il s'éleva une pellicule terreſtre. 4°. Pendant ce temps on ne ſentit aucune odeur remarquable. 5°. Cette liqueur qui n'étoit pas d'abord parfaitement ſans couleur, à meſure que l'humidité s'exhaloit, le reſte en parut plus coloré, même de la couleur du vin blanc, & toujours plus foncé vers la fin. 6°. A meſure qu'elle ſe conſuma, elle laiſſa une terre pâle & légere, adherente légerement aux côtés du vaiſſeau 7°. Lorſqu'elle fut réduite juſqu'environ trois ou quatre onces, elle commença à revêtir toute la circonference du vaiſſeau, d'une croute épaiſſe, brune, qui paroiſſoit graiſſeuſe, & qui s'étendit juſqu'à environ un demi-pouce de haut. Mais, 8°. il ne reſta ſous ce cercle, après l'évaporation finie, qu'une légere croute de terre groffiere & femblable au fable, peu ou point adhérente. 9°. Etant expofée en plein air, elle contracta quelque humidité, & devint molle & pâteufe, fpécialement la plus baffe partie. 10°. Le vaiffeau ayant été remis fur le fable chaud, elle fecha réelle-ment, comme auparavant; ayant été ramaffée foigneufement, & mêlée, elle parut couleur d'olive foncée, & pefa 15. grains. Elle parut fablonneufe fous la dent, & avoit un goût légerement amere, âcre, & falin.

§ 279. Un gallon d'eau de la Thamife, lorfque la marée eft haute, donna les mêmes apparences & productions, par le même traitement, mais une plus grande quantité de matiere folide; car le réfidu defféché avec le même foin, pefa 16. grains & demi, & avoit un goût plus falin que le précédent.

§ 280. De ceci, il paroît que chaque pinte d'eau purifiée de la Thamife, contient deux grains ou environ plus de matiere folide, dans un des extrêmes que dans l'autre, & qu'il nous refte à examiner.

§ 281. 1. Cette matiere, avec le fort acide de vitriol, caufa une violente ébullition & quelque degré d'effervefcence, en jettant des fumées qui avoient toutes les apparences de l'acide du fel marin.

§ 282. 2. Cette matiere avec l'acide de vitriol delayé, caufa une forte & tout-à-fait fenfible ébullition, qui continua affez, fans cependant en produire une diffolution com-plette.

§ 283. 3. Dix grains de cette matiere deffe-chée, lavée dans une once d'eau pure, lui donnerent une teinture de vin de Montagne, laquelle, en la filtrant, laiffa dans le papier fix grains de matiere indiffoluble, par confé-quent terreftre, couleur de cendre.

§ 284. 4. La leffive de celle-ci 1°. devint lactée avec l'alkool ; 2°. ne caufa pas de chan-gement fenfible au fyrop de violet ; 3°. ne fut pas fenfiblement affecté par les acides, ex-cepté par le vitriolique, qui fit fortir en grande quantité les fumées du fel avec une grande effervefcence, & forma le felenite ; 4°. elle fe mêla avec la lie alcaline fans exciter aucun mouvement ; mais il en réfulta un précipité confidérable, de la nature de la magnéfie blanche. 5°. Elle précipita la diffolution du vif-argent, non pas parfaitement en blanc ; 6°. celle de l'argent en fubftance, appellée *luna cornua* ; 7°. par l'évaporation, elle tapiffa le verre d'une couleur pâle jaune, laquelle étant raclée, donna environ trois grains de matiere d'un goût falin-huileux, qui s'hu-mecta à l'air ; 8°. l'efprit de vin rectifié, verfé deffus, digera, diffout & emporta la matiere colorante, & laiffa les falines ; 9°. celles-ci, diffoutes dans l'eau, donnerent des criftaux

qui

qui pefoient près de deux grains, & des preuves de fel marin : mais ils ne fe conferverent
pas long-temps fecs. 10°. La teinture donna
une odeur aromatique plus forte que l'efprit.
11°. Elle devint lactée par le mêlange des acides, mais fans ébullition. 12°. Elle fit de même avec l'eau pure.

§ 285. 5. Dix grains du premier refidu,
mis dans un petit creufet bien échauffé,
fumerent & s'enflammerent, en donnant
une odeur comme fi l'on bruloit de l'huile
ou de la graiffe, fans cependant donner des
marques d'acides, ou de couleur bleuâtre
dans les flammes : il devint enfin noire, en
augmentant le feu jufqu'à ce que la maffe
fût échauffée tout autour, & ceffa de fumer fans fe fondre ; fa couleur changea en
celle des cendres pâles, & perdit quatre
grains, un peu plus, de fon poids, en contractant quelque chofe d'alcalin ou âcre au
goût.

§. 286. 6 La leffive de cette matiere, 1°.
a le goût précifément de l'eau de chaux, &,
de même, en croupiffant, il fe forme une pellicule au-deffus. 2°. Elle change le fyrop de
violettes d'abord en verd brillant, qui prend
enfuite l'obfcur. 3°. Elle devient laiteufe, &
laiffe précipiter une belle matiere blanche par
les alcalis fixes & volatiles. 4°. Elle fe mêle
fans commotion avec les acides délayés, &

donne toute autre preuve d'une eau de chaux parfaite.

§ 287. Par les sections 281. 1°. & 282. 2°. il paroît que les solides mêlés & contenus dans nos eaux, sont composés de terre absorbante & de sel marin. Les sections 283 3. & 285. montrent que les parties terreftres sont de six grains en dix. La section 284. 4. prouve que la matiere colorante, qui eft probablement huileufe, avec la faline dissoute dans l'eau, eft de quatre grains en dix. La section 284. 4. N°. 7°. démontre qu'environ trois de ces quatre grains, sont du sel marin, avec surabondance de son acide, quelque peu de terre qui le fait tomber en partie en délitefcence ; le refte eft une matiere huileufe ; & les sections 285. 5. & 286. 6. prouvent que la terre eft en partie calcaire. Nous parlerons des parties falines ou diffolubles dans la fuite.

§ 288. Ces parties font celles & leur proportion qui conftituent l'eau baffe de la Thamife à Londres ; la différence qui fe trouve lorfqu'elle eft haute, eft qu'elle contient un peu plus de fel.

§ 289. plufieurs ont cherché, quelques-uns ont parlé d'un efprit tiré des eaux de la Thamife ; elle eft fujette à fermenter & à fe pourrir. Ceci peut provenir de la matiere huileufe & autres qui fe trouvent dans cette eau ; & cela arrive principalement lorfqu'elle

a resté quelque temps dans des vaisseaux de
bois ; ce que l'on tire enfin alors par la distillation, ne doit pas être imputé à l'eau seule,
mais, en partie, a ce qu'elle a tiré ou dissous
du bois, lequel est subtilisé par la fermentation ou la putrefaction ; mais il ne seroit pas
étonnant, en considerant la grande variété
des matieres qu'elle contient & reçoit de la
ville, si elle étoit plus sujette à fermenter &
à se pourrir que l'eau ordinaire. Les produits
de la fermentation ou de la putrefaction ne
doivent pas être attribués à l'eau ; mais ils
font les créatures de ces operations, & conféquemment, étrangers à l'eau dans son état
naturel, qui est celui que nous examinons ici
seulement.

§ 290. L'on trouve celle-ci une des plus
légeres, des plus pures, & des plus douces
eaux des rivieres qui reçoivent le flux de la
mer. La quantité de matieres étrangeres à
l'eau pure, qu'elle contient, est très-peu considérable, nonobstant la quantité immense
qu'elle femble en recevoir tous les jours. Il
n'est pas aifé de recueillir d'eau de pluie qui
en ait beaucoup moins, principalement près
d'une grande ville. Et quoiqu'on trouve que
les proportions varient, cependant ces mêmes principes, ou plutôt mêlanges, se trouvent en quelque degré dans la plûpart des
eaux qui touchent la terre.

§ 291. Ces Naturaliftes fuperficiels, qui entrent dans l'examen d'une ou de plufieurs eaux minérales, fans jamais avoir examiné la nature de l'eau fimple, ou comparé l'une à l'autre, attribuent les vertus de leurs eaux favorites, qu'on peut regarder, chez plufieurs, comme leur idole, à un ou plufieurs des ingrédiens que nous venons de démontrer dans l'eau de la Thamife, & qu'on trouve, en quelque degré, dans toutes les eaux, tant fimples que médicinales. En jettant l'œil fur quelques-uns de nos Médecins modernes des eaux thermales, il paroîtra d'abord qu'ils accordent le foufre & le bitume, & donnent les épithêtes de fulphureufes & bitumineufes à certaines eaux, fans avoir d'autre meilleure raifon, que parce qu'il paroît, comme dans celle-ci, une fubftance huileufe dans le refidu. Ceux qui ont le fens commun, feront affurément en garde de mettre leur confiance en de telles eaux, comme étant fulphureufes, puifque toutes celles qu'ils trouvent, foit chaudes ou froides, font généralement de même, en quelque façon. Après quoi, qui fe confieroit à un Médecin qui fait fonds fur les qualités fulphureufes de quelques eaux, qu'on trouve en une auffi grande abondance dans les fources, dans les rivieres, dans les lacs & dans les étangs, que dans les eaux de Bath, qu'il a fi fort vantées ?

Des Eaux de la Riviere Neuve.

§ 192. L'ordre que j'ai fuivi étant fondé fur le plus ou moins d'ufage que l'on fait de l'eau dans notre Capitale, la premiere qui fe préfente après l'eau de la Thamife, eft la grande fource qui eft fournie par des aqueducs de Hertfortshire. J'entends la Riviere neuve, dont les eaux font conduites des refervoirs d'Iflington aux différens endroits de la ville. Cette eau a une grande analogie avec les eaux de la Thamife, lorfqu'elle eft baffe, comme il paroît par les expériences fuivantes.

§ 293. 1°. Elle eft à peu près la même en couleur & en tranfparence, au moment qu'on la puife de fon lit; & lorfqu'on l'a laiffé repofer, ou qu'on l'a filtrée, elle laiffe prefque la même quantité de faleté.

§ 294. 2°. Elle donne un verd plus pâle avec le fyrop de violette.

§ 295. 3°. Elle donne une couleur d'œillet, plus pâle, avec le bois de campêche, mais qui fe releve de la même maniere & aux mêmes degrés qu'avec l'eau de la Thamife, lorfqu'elle eft baffe.

§ 296. 4°. Elle produit les mêmes effets avec la cochenille, que la Thamife.

§ 297. 5°. Le même effet eft auffi produit dans l'une & dans l'autre par les alcalis fixes, liquides & fecs, mais dans un degré plus leger ; car celle-ci devient moins lactée, & y donne moins de fédiment.

298. 6°. Elle devient moins lactée avec la diffolution de favon ; & après qu'elle eft repofée, elle ne préfente aucune coagulation ou féparation.

§ 299. 7°. Elle ne fouffre aucun changement fenfible avec les acides.

§ 300. 8°. Mêlée avec la diffolution de fublimé corrofif, elle ne fouffre aucun changement vifible ; lorfqu'elle a repofé, elle jette une pellicule de diverfes couleurs, où l'orange femble dominer. Il n'y eut aucune nuance laiteufe, ni autre altération perceptible, horfmis plufieurs petites bulles d'air attachées au verre.

301. 9°. Avec la diffolution de mercure, elle produifit prefque les mêmes apparences que l'eau B, ou plutôt une plus légere precipitation.

§ 302. 10°. Avec la diffolution de plomb, les mêmes apparences, mais d'un degré inférieur.

§ 303. 11°. Avec la diffolution d'argent, elle produifit les mêmes effets, mais plus légerement ; & le précipité étoit d'une couleur de violette, pâle.

§. 304. Comme nous trouvons que cette eau eft fi analogue à l'eau de la Thamife, lorfqu'elle eft baffe, que nous la comparons avec elle, on doit y chercher la raison des effets de ces expériences, comme au chapitre précédent.

§ 305. Je fis évaporer cette eau de la même maniere que celle de la Thamise ; & je trouvai qu'elle produisit les mêmes apparences, quoique d'un degré inferieur, excepté l'air, qui sembloit être plus abondant dans celle-ci. Le résidu en étoit d'une couleur pâle, & un gallon d'eau n'en donna que 14 grains ; il ne paroissoit pas si salé au goût, que l'autre.

§ 306. 1°. Cette matiere dans le fort acide de vitriol delayé, donna les mêmes apparences, & produisit les mêmes effets que dans les sections 281. 1°. & 282. 2°.

§ 307. 2°. Dix grains de cette matiere ne donnerent pas une teinture si forte que dans la § 283. 3°. Il resta dans le papier à filtrer, plus de 7 grains, d'une matiere plus pâle, qu'elle n'étoit avant de la laver.

§ 308. 3°. Les lavures 1°. détruisent la couleur du syrop de violette, & donnent ensuite une couleur de verd de mer pâle, en se reposant ; 2°. elles deviennent laiteuses avec la lie alcaline & avec l'alcohol ; 3°. elles ne sont pas sensiblement affectées par les acides delayés ; 4°. elles causent une blancheur lactée & une précipitation avec la dissolution du vif-argent, moins colorée que celle dans la § 284. 5°. & la même précipitation de *luna cornua*, par une diffolution d'argent, ou plus pâle, mais qui ayant repofé devient en partie couleur d'ardoife ; 5°. elles donnent tous les autres effets des nombres 6. 7. 8. 9. 10. 11. avec moins de matiere colorée, & un peu moins de fel.

§ 309. 4. Dix grains du réfidu jettés dans un creufet ardent, fumerent & s'enflammerent, mais plus légerement & moins de temps que celui de l'eau de la Thamife : il fe calcina de même, & ne fe fondit pas ; il perdit un peu plus de 3. grains de fon poids, fe changea en une plus pâle couleur de cendre, & en un goût abforbant & de chaux, un peu plus léger que celui de l'eau de la Thamife.

§ 310. 5. La leffive de cette chaux foutint toutes les épreuves de l'eau de chaux, de même que celle de la fection 286. 6.

§ 311. De ces expériences & obfervations, on voit ce qu'il y a de commun & de différent entre ces eaux & celles de la Thamife : les raifons font fi claires, par ce qui a été dit ci-devant, que de les raporter, ce feroit tomber dans des repetitions ennuieufes & inutiles à ceux qui font attentifs & intelligens, defquels feuls je me flate d'être compris.

§ 312. On peut fe fervir avec fureté de cette eau dans tous les cas qui demandent la propriété de l'eau douce & pure, par exemple,

ple, pour boire ou se baigner, pour laver ou blanchir, pour préparer les alimens tirés du regne animal ou végétal, pour cuire au four ou bouillir, pour faire de la dreche & braſſer, pour préparer des remédes par infuſion, décoction ou diſtillation, &c. comme auſſi pour délayer des diſſolutions & précipitations exactes, pour laver les magiſteres, pour teindre les couleurs les plus tendres, pour des criſtalliſations exactes des ſels, & des opérations ſemblables, où l'Opérateur curieux doit chercher les eaux les plus pures.

De l'Eau de l'Hampſtead.

§ 313. 1. Ces eaux tirent leur origine en partie des ſources, & des eaux de pluie qui ſe ramaſſent dans les étangs des environs des montagnes de Hampſtead & de Highgate, environ à quatre milles de Londres; elles paſſent à travers de la ville de Kent, par des tuyaux ou canaux, & parviennent ainſi dans certains quartiers de Londres.

§ 314 2. Elle eſt rarement brillante à l'œil, à moins qu'elle n'ait dépoſé, en ſe repoſant; après la pluie, elle eſt très-ſujette à ſe troubler, par la quantité d'argille légere qu'elle lave des montagnes & des endroits élevés.

§ 315. 3. Si on la laiſſe repoſer dans un verre pendant 24. heures, il ſen décharge de l'air en forme de petites veſſies, dont une partie s'échape à la furface, & l'autre s'attache aux parois du verre; 2°. elle dépofe un fédiment léger, qui la rend plus claire à proportion qu'elle en eft débarraffée.

§ 316. 4. Elle détrempe d'abord la couleur du fyrop de violette, qui prend enfuite la couleur de verd de mer, qui augmente en croupiffant, & devient, en douze heures, jaunâtre.

§ 317. 5. Elle prend avec l'infufion du bois de campêche, une couleur de fleur d'œillet, qui, en peu de temps, s'éleve de quelque chofe, enfuite fe fane & reffemble à du vieux vin de Canari.

§. 318. 6. La cochenille lui donne un beau cramoifi, qui s'augmente en fe repofant, & qui, en douze heures de temps, ne fouffre aucune diminution.

§ 319. 7. Les alcalis fecs ou liquides, en proportion double à celle ajoutée à l'eau de la Thamife, opererent difficilement un changement fenfible en les mêlant & croupiffant avec cette eau.

§ 320. 8. La diffolution de favon, mêlée doucement, donna une legere couleur lactée, mais pas d'autre changement fenfible.

§ 321. 9. Avec les acides végétaux légers, de même qu'avec le vinaigre diftillé, elle ne montre pas de changement: elle fe mêle avec l'acide vitriolique délayé, fans aucune com-

motion fenfible ; mais en fe repofant elle montre quelques boules d'air, & paroît un peu
plus brillante.

§ 322. 10. En verfant, par gouttes, de
la diffolution de mercure fublimé, elle ne
change pas ; mais lorfqu'elle fe repofe, elle
paroît lactée, & s'éleve une légere pellicule,
couleur de nacre de perle pâle, fans montrer
de l'air ; en douze heures de temps elle parut
couverte d'une pellicule unie, variée en couleur, ne montra pas de fédiment ; mais le
verre étoit légerement tapiffé.

§ 323. 11. Chaque goutte de diffolution
de mercure caufa un nuage blanc lacté, qui
changea auffi-tôt en jaune pâle, précipita réellement, en croupiffant, tandis qu'il s'éleva
une légere pellicule de différente couleur à la
furface.

§ 324. 12. La diffolution de plomb caufa
un pâle lait, à chaque goutte qu'on en verfa ;
à la quatrieme elle s'éleva jufqu'à la perle,
fans qu'il fe fît aucune féparation vifible ; mais
au bout de douze heures, il fe depofa une
quantité confidérable de précipité pâle, &
parut à la furface une pellicule pâle, légere
& entrecoupée.

§ 325. 13. Chaque goutte, jufqu'à quatre,
de la diffolution d'argent, caufa des nuages
pâles, blancs, bleuâtres, qui, en les remuant,
répandirent par-tout une couleur de perle ;

en douze heures de temps, un précipité de couleur bleuâtre ardoise couvrit les côtés & le fond du verre.

§ 326. 14. Un gallon d'eau purifiée mis dans une cloche de verre, évaporée au feu de sable, 1°. montra beaucoup d'air, dont une partie s'attacha aux parois du verre, & l'autre s'échapa à mesure que l'eau s'échauffoit jusqu'à ce que 2°. il s'éleva une pellicule qui en arrêta quelques boules, d'où se formerent des plus larges, qui couvrirent le tout. 3°. La vapeur, dans l'opération, sentoit l'odeur de terre. 4°. A mesure que l'eau s'exhaloit, la pellicule couvrit les côtés du verre; elle devint plus colorée & plus épaisse au fond, où 5°. elle forma une croute circulaire & plus noire, dans le centre de laquelle 6°. il parut une croute légere & mince, mais plus pâle, 7°. lesquelles, recueillies & desséchées avec soin & précaution, pesoient quatre scrupules & dix grains, 8°. donnerent un goût terrestre avec quelque acrimonie saline; 9°. absorberent assez d'humidité de l'air, pour augmenter leur poids dans le temps humide.

§ 327. De ces expériences, il paroît que chaque pinte d'eau d'Hampsteade contient onze grains & un quart de matiere solide, que nous allons à présent examiner.

§ 328. 1°. Ce résidu causa, avec le fort

acide de vitriol, une ébullition confidérable, avec quelque degré d'effervefcence, une fumée blanche & pénetrante, en tout femblable à celle du fel marin.

§ 329. 2. L'acide detrempé caufa une forte & longue commotion ; mais le réfidu n'en fut pas parfaitement diffous.

§ 330. 3. Dix grains lavés avec une once d'eau pure, & filtrés, donnerent une teinture de vin de Montagne, laquelle, par la filtration, laiffa fur le papier quatre grains d'une efpece de terre plus pâle, couleur de crême.

§ 331. 4. La leffive 1°. ne fit que délayer la couleur du fyrop de violette & l'affoiblir ; en croupiffant, elle lui donna quelque ombre de couleur de verd de mer. 2°. Les acides n'y cauferent aucune commotion. 3°. La lie alcaline de même ; mais elle caufa une opacité lactée ; & avec l'alcohol, une efpece de lait. 4°. Elle précipita la diffolution de vif-argent en jaune ; & 5°. celle d'argent en grumeaux blancs; 6°. évaporée jufqu'à ficcité, les mêmes phénomenes parurent que dans l'eau de la Thamife, rapportés § 284. 4. N°. 7. 8. 9. 10. 11. mais le réfidu falin, plus fufceptible à fe liquifier dans l'air.

§ 332. 5. Dix grains du premier réfidu mis dans un creufet au feu, ne donnerent que peu de fumée, qui fentoit les briques brulantes, mais pas de flamme, quoiqu'auffi-tôt il se fondit & se brouilla vivement, s'abaissa & se retira doucement , & en une minute se fixa. Il perdit dans cette opération trois grains & demi , & représentoit du sel fondu : le gout qu'il avoit acquis ressembloit à l'acreté de la chaux.

§ 333. 6. Sa lessive 1°. avoit un goût de sel avec quelque chose du goût de la chaux ou lexivieux. 2°. Il se mêla avec les acides sans exciter de commotion. 3°. Il se précipita avec les alcalis , & donna une véritable preuve d'une eau de chaux.

§ 334. Si j'expliquois la comparaison de ces eaux avec les précédentes , j'ennuierois inutilement ; l'étiologie des expériences seroit de même une désagréable repetition, puisque les causes des changemens , la différence entre cette eau & les autres , & laquelle merite la préférence dans les usages particuliers , se présenteront à celui qui prêtera attention, comme étant le seul qui doit profiter de ces analises & semblables.

Des Eaux de la Place de Rathbone.

§ 335. 1. Cette eau ne paroît pas parfaitement brillante à l'œil : si on la met pendant quelques heures dans un verre , elle depose quelque chose de léger & terrestre , & il s'éleve une pellicule terrestre en croupissant , tandis que les parois du verre font couverts de boules d'air.

§ 336. La couleur du fyrop de violette en eft 1°. detrempée ; puis elle devient verdâtre & s'augmente en fe repofant.

§ 337. L'infufion de bois de Campêche donne une efpece de couleur de vin de Madere, qui s'exalte un peu en croupiffant.

§ 338. La cochenille donne une couleur de rofe pourpre, qui fe foutient quelque temps ; mais après douze heures elle montra quelques nuages verdâtres qui fe précipitoient.

§ 339. La moindre portion de fel alcali liquide ou folide caufa une opacité lactée ; le dernier, une plus grande ébullition qu'à l'ordinaire ; & en croupiffant, précipita une quantité confidérable de terre blanche & pure, & il s'éleva à la furface une pellicule terreftre.

§ 340. 6. Chaque goutte de diffolution de favon fe coagula fur la furface, lefquelles, étant mêlées, fe décompoferent d'abord parfaitement.

§ 341. 7. Les acides y exciterent une grande commotion, & il s'en dégagea beaucoup d'air en petites boules, qui pafferent en partie par la furface, & en partie s'attacherent aux parois du verre, enfuite elle devint plus claire.

§ 342. 8. En y verfant de la diffolution de

fublimé corrofif, goutte à goutte, elle y caufa
une grande opacité lactée en premier lieu au
fond du verre ; puis, en l'agitant, elle parut
d'une couleur laiteufe de perle par-tout, &
s'éleva une pellicule de differente couleur, en
douze heures elle dépofa un beau précipité
pâle.

§ 343. 9. La diffolution de vif-argent caufa
les mêmes effets que dans l'eau de Hampftead,
des nuages opaques, leur furface fupérieure
plus blanche, la précipitation plus prompte
& de couleur foncée, avec une forte pellicule
de différente couleur.

§ 344. 10. En verfant de la diffolution de
plomb par le vinaigre diftillé jufqu'à quatre
gouttes, à chaque goutte il fe forma un nuage épais, blanc, lacté, opaque, lequel fe
précipitoit fubitement ; en douze heures de
temps la précipitation fut complette, d'une
efpece de couleur de crême ; & il fe forma
une légere pellicule fur la furface.

§ 345. 10. La diffolution du plomb par
l'acide du nitre, qui ne caufa aucun changement fenfible dans l'eau haute & dans l'eau
baffe de la Thamife, dans les eaux de la Riviere
neuve, & celle de la pompe de Covent Garden, n'apporta pas non plus d'abord d'altération à celle-ci ; mais auffi-tôt après l'avoir
remuée, en fe repofant elle crota le verre, &
en douze heures il fe précipita un fédiment
très-

très-blanc, ce que la pompe de Savoy produifit plus promptement.

§ 346. 12. Chaque goutte de diffolution
d'argent, en la verfant, caufa un nuage blanc
opaque ; en remuant cette mixture, il fe répandit par-tout une opacité lactée ; & en fe
repofant, elle laiffa tomber un précipité de
couleur pâle ardoife , en plus grande quantité cependant que l'eau de l'Hampftead.

§ 347. 13. Un gallon de cette eau évaporée
comme les autres, par la chaleur du fable,
lorfqu'elle fut échauffée, pouffa, en petites
bulles, une grande quantité d'air, qui fortoient
de toute la liqueur ; & lorfqu'elles en furent échapées , il s'éleva une pellicule fur
l'eau , qui s'épaiffit à mefure que l'air &
l'humidité diminuerent : de forte qu'à la fin
elle devint affez forte pour foutenir plus
d'air en forme de grandes veffies à la furface : la vapeur ne donna pas d'odeur remarquable ; la pellicule ne tapiffa pas le
verre , comme dans celles de l'Hampftead ;
& les folides contenus fe coagulerent au fond
en forme de grumeau ou de graine ronde ,
couleur de lut pâle , lefquels , étant deta-
chés & defféchés avec foin , étoient d'un goût
falin plus piquant que ceux de l'Hampftead ,
& pefoient fix fcrupules ; ils paroiffoenit ,
comme eux, s'humecter, étant expofés à l'air.

§ 348. Ceci montre que chaque pinte de

G g

Rathbone - Place contient douze grains & ½ demi de matiere solide.

§ 349. 1. Ce réfidu, avec l'acide fort de vitriol, produifit les mêmes phénomenes qu'avec celle de l'Hamftead.

§ 350. 2. Delayé dans la même proportion de l'eau pure, il donna la pareille teinture, & depofa environ quatre grains d'une terre plus pâle fur le papier à travers duquel elle fut filtrée.

§ 351. 3. Ces quatre grains étant lavés, tendoient plutôt que le précédent, 1°. à changer le fyrop de violette en verd pâle ; 2°. ne donnoient aucune commotion avec les acides ; 3°. avec la lie alcaline une couleur lactée & un précipité ; 4°. avec l'alcohol une couleur de lait par-tout : les autres expériences repondirent à celles qu'on fit fur les pareils réfidus des autres eaux précédentes.

§ 352. Dix grains du premier réfidu, mis dans un creufet brulant, fumerent & fentirent moins qu'aucun des précédens ; mais fe fondirent, bouillonnerent, s'abaifferent & fe fixerent plutôt & perdirent uniquement trois grains de leur poids, & n'imprimerent pas un fi fort goût de fel ou d'acrimonie fur la langue qu'aucun des précédens : il étoit plus compacte & moins diffoluble ; cependant fa leffive donna les mêmes fignes carac-

tériftiques de l'eau de chaux ; mais elle n'en
étoit pas fi chargée.

§ 353. Les changemens avec les acides §
341. 7, & la décompofition du fublimé corrofif § 342. 8. la diftinguent des eaux précédentes ; & la caufe eft évidenment un alcali,
comme il paroît par la § 351. 3. mais probablement il eft volatile, puifque No. 2°. il
eft demontré qu'il ne fubfifte point après l'é-
vaporation, au moins dans une quantité fuffifante pour caufer une nouvelle commotion
avec les acides.

§ 354. Que cette eau donne en même
temps des preuves qu'elle contient un acide
& un alcali, cela peut paroître un paradoxe ;
mais cette difficulté fera éclaircie lorfqu'on
confidérera que l'acide, dans celle-ci, comme
dans bien d'autres femblables, eft volatile,
& s'échape, non feulement fur le feu, mais
auffi lorfqu'il eft expofé en plein air, comme
il eft prouvé par cette eau, qui s'adoucit &
dépofe la terre dont elle étoit chargée, au
moyen de cet acide. Les propriétaires des
ouvrages connoiffent cet effet ; car ils laiffent repofer l'eau dans un grand baffin ouvert, avant que perfonne s'en ferve. Après
qu'elle a ainfi repofé, c'eft une eau très-
utile & très-bonne pour l'ufage des ména-
ges. Mais pour ce qui regarde cet acide &
cet alcali, nous en donnerons une idée plus

claire, dans l'Introduction de la deuxieme Partie de cet Essai.

§ 354. Toutes les eaux de pompes, aussi-bien que de sources, que j'ai vues à Londres & à Westminster, sont si analogues à celles des ouvrages de Rathbone-Place, que je ne les trouve que chargées des mêmes ingrédiens, mais en proportions un peu différentes, comme, par exemple, les pompes publiques de Aldgate, du cimetiere de St. Paul, de Hare-Court, du Temple, de Swan-yard, de Strand, de Savoy, du Marché de Convent - Garden, de Banquetting House, White-Hall & du cimetiere de Ste Margueritte, de Westminster, des sources du conduit de Lamb, celles du puits de Crowder, & de Postern-Rowe, ne font voir aucune différence essentielle en les essayant. Les variétés, qu'on decouvre, ne sont que différentes proportions, & n'ont rien d'essentiel à la composition. Il seroit ennuyeux d'en faire ici un détail. C'est pourquoi je me bornerai à celles qui sont les plus remarquables, & qui pourront faire naitre l'envie à des gens plus savans & qui auront plus de loisir, de poursuivre cette recherche utile, sur le plan que j'ai ici tracé.

§ 355. 1°. L'eau de la pompe du cimetiere de St. Paul, donne 61. grains par gallon en l'évaporant, d'une matiere couleur de paille, c'eſt-à-dire, 7 grains & demi & un huitieme, par pinte, qui abſorbe 1°. l'humidité de l'air, 2°. produit des effets analogues à la précedente, avec de forts acides delayés.

§ 356. 2. Cette matiere lavée dans l'eau pure, comme les réſidus précédens, donna la même teinture, mais plus pâle ; & filtrée, ne laiſſa que trois grains de matiere terreſtre, plus pâle qu'avant d'être lavée.

§ 357. 3. Les lavures produiſirent les mêmes effets que celle de Rathbone-Place.

§ 358. 4. La premiere matiere miſe dans un creuſet ardent, donna les mêmes apparences que le réſidu de celle ci-deſſus.

§ 359. La pompe de Savoy, traitée de la même maniere, donna le même produit, à 6. grains moins par gallon ; mais le produit de celle-ci étoit un peu plus ſalin ; car, après avoir été lavé, il ne laiſſa que deux grains & demi de terre, le reſte étant une eſpece de ſel. Les lavures étoient de couleur pâle, & produiſirent les mêmes effets que la précédente, fumerent un peu moins, coulerent un peu plutôt, leverent, précipitérent & donnerent de la chaux, comme les autres.

§ 360. L'eau du puits de Crowder évaporée donna les mêmes apparences que les eaux de pompe, mais ſon réſidu étoit plus coloré que la plûpart ; car dans le verre il reſſembloit mieux à une croute ſaline qu'à une matiere terreftre ; étant tout-à-fait fec, & pofé dans un verre toute la nuit, le lendemain matin il avoit abforbé affez d'humidité, pour paroître en gouttes jaunes fur les côtés du verre, d'un goût très-âcre, femblable au goût alcalin ; le fable ayant été rechauffé, jufqu'à ce qu'il fut parfaitement fec, le réfidu chaud, recueilli foigneufement, pefoit quatre fcrup. par gallon, ce qui fait 10. grains par pinte, & parut alors d'une couleur d'olive pâle, & d'un goût fort âcre.

§ 361. Dix grains de celui-ci, lavé comme les autres, 1°. donnerent la même efpece de teinture ; 2°. fes lavures donnerent une couleur tendant à celle de mer, & enfuite un verd pâle, avec le fyrop de violette ; cependant 3°. elle fe mêla avec les acides fans commotion ; 4°. fut précipitée par les lies alcalines, & enfin produifit des effets analogues aux autres lavures des refidus précedens.

§ 362. Ce qui refta dans le filtre, étant fec, pefa 4 grains, & devint d'une pâle couleur de cendre ; de forte que de dix grains, fix étoient du fel, de la même nature que le refte.

§ 363. Mis dans un creufet ardent, le premier refidu, au commencement, fuma très-peu, fe fondit, bouillonna, fe remit, & donna de la chaux comme les autres.

§ 364. L'eau de la fource de Lamb fournit moins d'air dans l'évaporation. 1°. Elle donna

20 grains & demi d'une matière plus foncée
en couleur, qu'aucune des autres, à peu
près du même goût que celle du puits de
Crowder, mais en apparence plus terreftre,
en ce qu'elle n'abforboit pas tant l'humidité
de l'air. 2°. Elle fut comme les autres, affec-
tée par les acides. 3°. Lavée comme les autres, elle donna une teinture forte en couleur,
comme le vieux vin de Canari, qui produifit
les mêmes effets que toutes les autres lavures
en général, donnant quelque chofe à la différence de couleur. 4°. Celles-ci laifferent dans
le filtre plus de quatre grains & demi ; d'une
terre beaucoup plus pâle, de forte que de
dix grains, il n'y en eût que cinq & environ
un quart qui fuffent fel de la même nature
que les autres. 5°. Le premier refidu ayant
été jetté dans un creufet ardent, donna les
mêmes apparences & effets que les autres,
mais fuma un peu plus lentement.

§ 365. Comme les fubftances femblables
au fel, extraites par l'élexiviation des refidus
de ces eaux, après l'évaporation, n'ont pas
été expliquées par aucun de ceux que j'ai
rencontrés jufqu'à préfent, il convient de
donner quelque temps & quelque peine à
les examiner avec plus de foin.

§ 366. Le refidu de toutes ces eaux, celui
d'eau de pluie & de toute autre que je con-
noiffe, qui ne contiennent point d'autre fel

neutre que celui de mer, abforbent l'humidité en quelque degré, s'humectent & deviennent, en quelque maniere, liquides, comme ceux qui contiennent le nitre des Anciens,
l'alcali mineral, &c.

§ 367. Cette diffolution a toujours un goût
âcre, tel que le réfidu le laiffe fur la langue.
De fa diffolubilité, auffi-bien que de fon goût,
on eft naturellement porté à conclure que
c'eft un fel ; & parce qu'il abforbe l'humidité
de l'air, on eft auffi porté, à la premiere vue,
à le prendre pour un alcali, de même que
Kunckel s'eft mepris dans la lie de l'eau falée,
par les mêmes propriétés. Mais nous devons
être en garde dans nos conclufions. On trouvera que les lavures de ces réfidus donnent
quelques portions de fel ; mais tout ce qui
s'en diffout ne doit pas être regardé comme
fel, ftrictement parlant. Lorfque les parties
huileufes ont été feparées par l'alcohol, ou
par la calcination de la maffe qui a été laiffée
après l'évaporation de ces lavures, il fe diffout pour lors réellement dans l'eau, ou en
réabforbant l'humidité de l'air. Pour lors,
par l'évaporation, quelques criftaux de fel
de mer fe feront voir ; mais il en refte une
grande partie qui ne fe criftallife pas. Si on
évapore la diffolution jufqu'à fechereffe,
elle ne gardera pas long-temps une forme
folide ; mais elle attirera l'humidité, & fe
liquifiera

liquifiera de rechef. Il faut avouer que ceci
est un des caracteres de l'alcali ; mais les autres signes doivent suivre avant que d'en tirer
aucune conclusion. Ces lies , ou dissolutions des alcalis, 1°. donnent dans l'instant,
au syrop de violette ; une couleur d'un verd
luisant ; 2°. causent une ébullition & une
saturation avec les acides. Mais notre dissolution, ou les lavures des residus de nos eaux,
1°. changent à peine la couleur du syrop de
violette ; 2°. ne causent aucune ébullition ou
saturation avec les acides ; mais avec le plus
pesant, comme l'acide vitriolique, elles produisent un selenite, après avoir dissipé l'acide
marin, en une forte fumée visiblement blanche. Et au lieu de se mêler sans aucun changement sensible, comme un pur alcali fait
avec un autre, chaque sel alcali, soit fixe ou
volatile, cause une véritable précipitation
dans ces lavures de nos residus, d'une terre
absorbante, qui correspond, à tous égards,
à celle que nous appellons magnéfie blanche ;
& si on continue d'en ajouter jusqu'à ce qu'il
ne se fasse plus de précipitation, elles produisent avec des alcalis fixes un sel de mer, dont
celui qui a un alcali végétal, au lieu d'un minéral, pour base, est plus pur ; elles produisent aussi, avec l'alcali volatile, un sel armoniac. Quoiqu'enfin il paroisse que nos residus
contiennent quelque quantité considérable

Hh

de fel marin, nous fommes affurés que la
plus grande partie eft *mater falis*, la mere du
fel (bien connue par nos ouvriers de falines
de mer, ou des fources falées de la méditer-
ranée) qui eft l'acide du fel marin chargé
d'une terre calcaire, au lieu d'un alcali minéral ; c'eft pourquoi ces lavures font analogues au *lexivium falis* d'Hoffman, & à l'*oleum
calcis* des Chymiftes, & aux écailles liquides
de quelques-uns de nos Charlatans, qui font
des compofés de l'acide du fel marin chargé
de chaux, de coquilles de poiffon, ou d'une
terre calcaire ; car l'on trouvera, après les
expériences, que ces liqueurs produifent les
mêmes effets, favoir, qu'elles ne prenent
pas de forme folide ; qu'elles changent légerement la couleur du fyrop de violette, fe
mêlent fans commotion avec les acides légers, & donnent un felenite avec les plus
pefans, fe précipitent avec les alcalis fixes &
volatiles, &c. &c. &c.

§ 368. Les curieux, s'il s'en trouve, qui
liront ceci, probablement s'informeront de
l'origine de ces parties, auffi-bien que des
autres qui entrent dans la compofition de nos
eaux de fources & de rivieres. Il a deja été
expofé d'où les eaux tirent leur origine ; par
quel moyen elles font différemment impregnées de plufieurs fubftances ; il a été expliqué dans l'idée générale des fels, & lorfqu'on

a examiné les propriétés de l'eau en particulier : la feule difficulté, à ce que je crains,
qui refte encore à éclaircir, eft l'altération
apparente de la nature de l'acide au moyen
duquel les eaux font imprégnées ; l'ébullition qui s'éleve en verfant par gouttes l'a-
cide de vitriol ou autres dans quelques-unes
de ces eaux, particulierement dans celles de
Rathbone-Place, peut en partie dependre de
l'union de l'acide plus fort artificiel, avec
les parties terreftres qui étoient auparavant
tenues en diffolution dans les eaux, par l'entremife de l'acide minéral, naturel, plus leger
ou autrement, de l'efprit étheré & élaftique
qui fe degage, comme auffi d'un principe
alcali : cet alcali doit être volatile, puifqu'on
ne le decouvre pas dans le réfidu après l'évaporation : c'eft à cet alcali volatile, qu'on
doit attribuer le nuage blanc & la précipitation qui réfulte du mêlange de la diffolution
du fublimé. Berger, Hoffman, Wallerins,
&c. font du fentiment, comme on fera voir
dans la fuite, qu'il fe trouve un tel alcali
dans la terre. L'acide naturel, par lequel la
terre, dans les eaux, paroît fe diffoudre, eft
plus que probablement de la nature vitriolique ou univerfelle, comme on peut juger
de fa propriété à précipiter la diffolution de
mercure par l'acide du nitre en jaune, comme
font toutes les diffolutions de terre calcaire

dans l'acide vitriolique : tandis que ce minéral, ainsi diffous, produit, avec la diffolution de ces terres dans l'acide du fel, un précipité blanc. L'acide du fel eft réputé compofé de l'union de la 3me. terre ou principe mercurial avec l'acide vitriolique ; mais l'un & l'autre font difperfés abondamment par toute la création ; nous ne devons donc pas nous étonner de le trouver dans cette eau, non plus que de voir l'acide du fel marin uni à cette terre, après que l'acide volatile vitriolique, ou l'efprit fubtil & minéral des eaux, en a été exhalé ; car il ne nous peut pas refter de doute, par les expériences précédentes, que ce ne foit ici évidemment l'acide du fel marin.

§ 369. Par quel moyen que ce foit que les eaux fe trouvent impregnées de terre, elles font fous la dénomination des eaux dures, qui décompofent le favon, & donnent des précipités par les alcalis. Les eaux dans lefquelles ces effets ont paru, font de cette claffe ; mais celles-ci contenant l'acide marin, font moins fujettes à produire ces mauvais effets, qui accompagnent les diffolutions de ces terres par l'acide vitriolique ; car elles ne contiennent pas cette fubftance indiffoluble appellée félenite, qui obftrue, remplit les glandes, & contribue probablement à engendrer des concrétions pierreufes dans les voies de l'urine ; au contraire, parce que ces mêmes terres font diffoutes par l'acide du fel marin, elles font propres à prévenir & à rompre de telles concrétions.

§ 370. D'où il réfulte que l'on ne doit pas craindre de faire ufage de ces eaux dans de pareilles circonftances ; même, au contraire, on doit conclure que ceux qui font attaqués de la pierre & de la goutte, en feront ufage avec fureté & fuccès ; & je fuis perfuadé que les eaux de ces fources & de ces pompes font, en effet, plus médecinales que bien d'autres qui font plus fréquentées, & tranfportées dans différens pays éloignés.

Des qualités médecinales & ufages des Eaux.

§ 371. Les Anciens, plus fages que les Modernes, avoient de la vénération pour l'eau ; & il feroit heureux pour ces derniers, qu'ils en euffent confervé quelque chofe ; car on peut concevoir des prémifes, & on peut prouver combien elle eft utile & néceffaire à tous les êtres de la création terreftre. Elle eft non-feulement néceffaire à tous les animaux, même à ceux qui ne vivent pas dans cet élément, mais plus encore aux hommes. De forte qu'à mon avis, il y a grande raifon de croire que la fanté, & même le terme ordinaire de la vie des hommes, s'eft fenfi-

blement raccourci, à proportion que l'ufage :
de l'eau a été négligé.

§ 372. Les Anciens regardoient l'eau comme la caufe matérielle ou le premier principe
des êtres de la création. Les premiers Philofophes qui embrafferent cette opinion, furent * Thal, Milefius & Empedocles, & eu-
rent beaucoup de fectateurs. Entre les Modernes, Paracelfe ꝗ enfeigna la même doctrine,
affurant que l'eau, étant l'origine & la matrice de toutes chofes créées, contenoit actuellement & effentiellement, non-feulement
les végétaux & les animaux, mais encore les
minéraux, fans excepter les pierres précieufes
les plus parfaites. Vanhelmont ne differa pas
beaucoup de l'opinion de ce Philofophe léger;
& quoique ceux-ci paroiffent aux autres qui
font plus de fang froid & mieux éclairés,
avoir exageré leurs connoiffances, cependant
ils doivent tous avouer que, fans l'eau, il n'y
auroit pas de génération ou procréation de
corps, de quelque efpece qu'il foit, dans le
regne minéral, végetal, & animal. De-là vient
que quelques-uns tirent avec efprit, fi pas avec
verité, l'étimologie du mot, eau, en Latin,
aqua, comme qui diroit, *à qua omnia fiunt*, c'eft-
à-dire, de laquelle toutes chofes proviennent.

* *Diog. Laert. in vit.*
ꝗ *Param. lib. III. Meteor. lib. cap. 5. de Peft. tr. 1. &*
Paffim.

§ 373. Les anciens Payens ne penserent pas deshonorer ou avilir leurs Dieux, en tirant leur origine de l'eau *.

§ 374. Une grande partie de la religion des anciens Payens, aussi-bien que celle des Juifs, consistoit à se laver. Il n'est pas aisé de déterminer aujourd'hui jusqu'où la Médecine & la bonne police ont poussé la coutume de se laver, principalement dans les pays chauds; quoiqu'il est probable que l'un & l'autre ayant contribué à l'établir, la religion enjoignit, ensuite, plus étroitement, de l'observer. Quoi qu'il en soit, il est certain, que personne de l'une ni de l'autre croyance n'étoit sensé pur & propre au sacrifice ou à la priere, qui n'eut été auparavant lavé & purifié par l'eau, parce qu'on ne croyoit pas que les prieres ou le sacrifice fussent exaucés sans ¶ cette formalité. De-là, la coutume de se laver les mains avant le sacrifice, devint si nécessaire, que le mot grec dont on se servoit pour signifier laver les mains, servoit aussi d'expression pour le sacrifice.

§ 375. Ceux qui habitent aux Indes orientales regardent avec la même vénération la coutume de se laver; c'est pourquoi ils considerent l'immersion dans le Ganges, comme un sacrifice aussi propre à expier que les autres; &

---

* *Homer. Iliad. lib. XIV.*
¶ *Homer. Odyss. lib. II. & les Livres de Moyse.*

il est apparent que chez les autres nations
l'usage de l'eau est fondé sur les mêmes principes.

§ 376. Je n'entreprendrai pas d'expliquer
plus amplement ici quelle, & comment l'eau
élementaire peut contribuer à la génération
des différens corps créés ; qu'il suffise d'observer qu'outre qu'elle est une partie essentielle
de la constitution de la plûpart des corps,
elle est, à n'en pas douter, le véhicule de la
nutrition de tous les êtres. Les Philosophes
les plus distingués conviennent que toutes
ces choses furent, pendant un certain temps,
fluides ; & nous devons présumer que c'étoit
une fluidité aqueuse.

§ 377. Les végétaux & les animaux ne
peuvent subsister long-temps sans eau ; & il
est certain que, depuis la création, elle a été
la boisson commune des hommes & des brutes ; de sorte qu'on peut reconnoître, à juste
titre, que l'eau est la premiere liqueur que la
nature & l'art aient produite; la sagesse même
du Créateur ne se manifeste nulle part si bien
que dans l'abondance qu'il en a fournie à ses
créatures, quoique la plûpart d'entre elles,
même les raisonnables, aient été assez in-
grates & insensibles, que d'oublier, & de
mépriser sa bonté & sa providence, parce
qu'il a rendu cette liqueur bienfaisante & la
mere de toutes, trop commune.

§ 378.

§ 378. On nous dit que, depuis la création jusqu'au déluge, ce qui renferme un espace de mille six cens ans; le vin & autres liqueurs fermentées étoient inconnus; de sorte que, durant ce temps, l'eau étoit la principale boisson de l'homme. L'Ecriture sainte nous apprend enfin que son âge étoit de mille années. Je ne me presumerai pas de dire que la longueur de sa vie doit être attribuée à l'usage seul de l'eau; mais je pense que ce n'est pas une présomption, de conclure que dans ce temps-là, l'homme vivant dans la simplicité que la nature dicte dans tous ses ouvrages, il étoit plus sain, & vivoit plus long-temps; l'eau fut la seule boisson que le Tout-Puissant prépara pour la créature; &, si elle avoit eu besoin d'une autre, Dieu, qui connoît tout, & qui contient tout par sa providence, ne l'auroit pas laissée dans le defaut; & je pense donc par tout ceci avoir dit qu'on doit avouer que l'eau la plus pure, la plus simple, la plus naturelle, est la vraie boisson de tous les animaux.

§ 379. Nous allons examiner à présent les conséquences qui résultent de l'introduction de l'usage du vin au temps de Noé. Il se repandit par tout le monde, par l'usage de cette liqueur, un déluge de luxure & de vice, plus pernicieux que le déluge univer-sel; enfin l'homme, depuis ce temps, accablé de maladies de corps & d'ame, ne vit à préfent qu'un peu plus de la dixieme partie de ceux qui vivoient avant le déluge : le Roi Pfalmifte dit que la vie de l'homme eft limitée à foixante & dix ans ; d'où il eft à obferver, que plus l'homme s'eft éloigné du genre & maniere fimple de vivre que la nature prévoyante ou fon Auteur Tout-Puiffant avoit tracée, plus il eft devenu débauché & a raccourci ainfi le fil de fa vie.

§ 380. L'eau étoit eftimée pour la meilleure boiffon chez les anciens Perfans, de même que chez les Parthes ; car il eft rapporté que leurs Rois ne buvoient que de l'eau, & qu'ils en ménageoient l'ufage avec œconomie, & apportoient beaucoup de précaution dans le choix * qu'ils en faifoient ; de-là vient que, felon Strabon, leurs Monarques s'étoient réfervé pour leur propre & feul ufage, les eaux de la riviere Elilacus ; &, felon Hérodote, celles de Choapfes : il n'étoit permis à aucun fujet d'en boire fans encourir des penalités très-rigoureufes. Cet Auteur attribue la longue vie des Ethiopiens, qui, felon lui, vivoient cent & vingt ans, à leurs eaux, dont la fubtilité & légereté étoit fi remarquable qu'aucun corps, pas même du bois, n'y flottoit ¶.

§ 381. Les anciens Romains étoient très-

---

* *Plin. Hift. nat. lib. XXXI. C. 3.* ¶ *Plin. lib. III. C. 125.*

fobres à l'égard du vin ; quelques-uns de leurs Hiftoriens * affurent que , pendant les quatre premiers fiecles & demi de la fondation de la ville , le vin n'y étoit pas en ufage ; ils étoient alors fains , robuftes , vigoureux , vaillans & vertueux ; mais avec les richef-fes , le luxe qui les accompagne toujours , s'introduifit ; ils changerent leur maniere fimple de vivre , & prirent une plus fomptueufe ; au lieu d'eau , ils burent du vin ; & à mefure qu'ils en augmenterent l'ufage , cette heureufe difpofition de corps & d'efprit, qui les rendoient au refte du monde un objet d'admiration , d'envie & de terreur , degenera ; ils devinrent foibles , malades , dereglés , lâches & corrompus : enfin , ils échangerent les deux plus grands bonheurs de la vie , qui font la fanté & la liberté , contre les maladies & l'efclavage. Ceci nous donne des temoignages du temps paffé qui concourent , avec ce qu'on peut obferver de nos jours , à faire voir que les peuples les plus fains , qui vivent le plus long-temps , & font les plus heureux, fe trouvent entre ceux qui boivent de l'eau au lieu des liqueurs fermentées.

§ 382. Par cette réflexion & plufieurs autres, je fuis porté à me ranger fous l'opinion du favant Hoffman, qui dit que , s'il fe trouve quelque chofe dans la nature , qui mérite le

* *Julius Frontinus.*

nom de remede univerſel, c'eſt l'eau * ce qui
paroîtra plus évident en conſidérant ſes propriétés, ſes qualités, ſes effets, avec la nature
& la ſtructure du corps humain.

* *De aq. medicina. univerſ.*

F I N.

TABLE

Des matieres contenues en ce volume.

Fin de la Table des matieres.

ERRATA.

ge 1 ligne 6 foſſils, *liſez* foſſiles.
  6   14 mercur, *liſez* mercure.
 14   7 végétale , *liſez* végétal.
 16   4 mieux, *liſez* plus.
 17   1 diſſolve, *liſez* diſſout.
 27   7 en guiſe, *liſez* en forme.
 28   25 comme fit, *liſez* comme a fait.
 29   7 chaque, *liſez* chacun.
 33   25 éclairé, *liſez* éclairci.
 45   30 enſuivant, *liſez* ſuivant.
 96   9 ſont, *liſez* ſoient.
101   25 diſſolvera, *liſez* diſſoudra.
130   7 la, *liſez* le
146   8 diſſolvera , *liſez* diſſoudra.
179   12 pure, *liſez* pur.
181   15 la matiere, *liſez* & la matiere.

Par-tout où on trouvera ſolution; ſolubilité, ſoluble, il
ſut ajouter la ſyllabe diſ.